VOYAGES

DANS

L'INTÉRIEUR DE L'AFRIQUE

1re SÉRIE IN-8°.

VOYAGES

DANS

L'INTÉRIEUR DE L'AFRIQUE

RELATIONS DU CAPITAINE MAUDUIT

NAUFRAGÉ DANS LE CANAL DE MOZAMBIQUE

PAR P. LAVAYSSIÈRE.

TROISIÈME ÉDITION.

LIMOGES
EUGÈNE ARDANT ET Cie, ÉDITEURS.

VOYAGES

DANS

L'INTÉRIEUR DE L'AFRIQUE.

Le matin du 13 mars 1769, le rivage oriental de l'Afrique, vers les 10 ou 11 degrés de latitude sud, présentait un spectacle lamentable : la courte grève, que surplombaient des rochers arides et aigus, était couverte de malheureux naufragés, échappés à une de ces épouvantables tempêtes qui rugissent si souvent dans le canal de Mozambique. La puissance irrésistible des flots avait lancé leur navire sur des pointes aiguës de rochers, et l'y avaient laissé cloué, la coque entièrement défoncée, les mâts brisés, et désormais inutile à la navigation. Quelques hommes avaient péri dans les flots ou avaient été mutilés, écrasés par la chute des mâts ; le reste de l'équipage devait son salut à l'immobilité où s'était trouvé le navire après l'horrible craquement de sa coque et de sa mâture brisées. La terre se trouvait à une si faible distance, qu'il eut l'espoir de l'atteindre dès que le jour lui aurait fait connaître sa situation.

Arrachés à la fureur des flots, les naufragés comprirent que d'autres dangers allaient les menacer... Les peuples qui habitent, ou plutôt qui parcourent les vastes solitudes de cette partie de l'Afrique sont inhospitaliers ; un naufrage est une proie pour eux, une fortune, et ils tombent sur les débris comme des bêtes féroces sur leur proie. Le désespoir était empreint sur toutes ces figures d'hommes dont les habits, ruisselants d'eau salée, en lambeaux, les cheveux épars, attestaient la lutte qu'ils venaient de soutenir contre les flots.

Deux hommes se tenaient à l'écart, sur une pointe de rocher, et examinaient la masse du navire dont la mer, un peu calmée, baignait à peine le tiers de la carcasse. L'un était le commandant de ce navire, et l'autre le maître timonier. Après le naufrage, il n'y a plus de rang ; le commandement revient à l'énergie, au courage et à l'intelligence.

Depuis quelque temps les yeux du capitaine étaient fixés sur le beau navire qui, naguère encore, se jouait au milieu des tumultes de l'Océan, proclamant la puissance du génie humain qui ose se mesurer contre un des plus terribles agents de la nature... Il les détourna avec désespoir, et le marin qui était assis auprès de lui vit tomber deux grosses larmes de ses yeux.

— Georges, lui dit le capitaine, le navire est

perdu ; les chaloupes ont été brisées, nous n'avons plus à attendre de secours que du ciel.

Georges lui répondit : — Oui, capitaine, son affaire est faite; il ne naviguera plus sur les eaux ; mais il peut nous être d'un grand secours ; la mer n'a point gâté sa cargaison, les rochers ont bouché les trous qu'ils ont faits, la cale doit être à peu près à sec; il n'y a pas une encâblure entre les rochers et le navire, d'une eau profonde...

— Je vous comprends, Georges, et j'y songeais déjà ; mais qu'obtenir de gens désespérés ? Il étendit la main vers la partie du rivage où s'étaient étendus leurs compagnons.

— C'est un triste spectacle, capitaine ; mais les hommes qui luttaient hier avec courage contre les flots n'ont pas épuisé toute leur énergie ; il faut la ranimer.

— Allez dire au capitaine des soldats de marine de venir me parler.

— Voyez-le là-bas, derrière ce groupe d'hommes étendus sur le sable ; je vous assure, capitaine, qu'à l'heure qu'il est je le trouverai ivre-mort, s'il a pu se procurer de l'eau-de-vie.

— Eh bien ! Georges, appelez son lieutenant.

Quelques instants après, un homme déjà avancé en âge, un officier de fortune, vint s'asseoir auprès du capitaine ; son air était respectueux mais calme. Cet homme avait fait l'expérience de la vie ; il était fataliste par ignorance.

— Monsieur Simon, lui dit le capitaine, le navire est à la portée de la main; il est bien approvisionné; il ne nous faut que des bras pour en tirer notre salut.

Le lieutenant fit un signe de tête affirmatif.

— Réunissez vos soldats, et nous allons décharger le navire et nous approvisionner, en attendant que le ciel nous envoie quelques vaisseaux pour nous ramener en France.

Le vieil officier se tourna vers la partie du rivage où les soldats de marine étaient étendus, puis, regardant tristement le capitaine, il lui dit : Ces hommes sont ivres ; le capitaine a fait défoncer un tonneau d'eau-de-vie ; employez votre équipage.

— Voyez, dit le capitaine de navire, il étendait la main vers la haute mer, voyez ces nuages ; nous aurons avant peu de temps un grain terrible en ces parages ; peut-être emportera-t-il le navire et toutes nos espérances de salut. Il nous faut tous les bras disponibles ; le temps nous presse.

Le lieutenant s'éloigna, et Georges, le timonier, revint avec presque tous les gens de l'équipage, qui se mirent aussitôt au travail.

Cette activité produisit un bon effet sur les soldats de marine; et bientôt une chaîne d'hommes et de bras robustes, à l'aide de plusieurs câbles tendus du navire aux plus proches rochers, transporta à terre tout ce que le capitaine, qui s'était rendu à bord, désigna de plus nécessaire. Si l'affaissement moral est contagieux, l'activité réagit aussi sur les esprits et les entraîne. Tous les naufragés se mirent avec ardeur au travail, et le rivage se couvrait de tonneaux, de caisses, de malles, d'armes de toute espèce enlevés au navire.

A l'instant où le grain prévu par le capitaine commença à souffler, la plus grande partie des provisions était en sûreté à terre. Il fut si violent qu'il acheva la destruction du navire, ne laissa sur les rochers que la moitié de la coque, coupée en deux, et lança les débris sur la grève. Les naufragés les recueillirent avec ardeur, malgré la violence des raffales, et presque toute la cargaison fut entassée avec ce qui avait été enlevé par le coup de vent.

Ce travail, dans l'intérêt commun, avait disposé les esprits à des sentiments d'ordre et de subordination ; il fut facile au capitaine de navire de reprendre le commandement et d'utiliser les forces de tous à l'avantage de tous. Les tonneaux, les malles, les caisses, les débris de grands et de petits mâts, recueillis sur le rivage, servirent à faire une espèce de retranchement. Les voiles le couvrirent, les hamacs servirent de lits, et la nuit fut une nuit de repos pour ces hommes brisés par la fatigue du jour.

Le capitaine, que la perte de son navire avait un instant abattu, retrouva toute son énergie et, par habitude de commandement, montra à terre, après le naufrage, la même assurance dans son autorité qu'il en avait montré à bord. De leur côté, soldats et marins rentrèrent sous la discipline, comme si le naufrage ne la brisait pas ordinairement. L'instinct de la conservation leur faisait sentir la nécessité de l'union; ils la sentirent bien mieux le matin, quand les sentinelles que le capitaine avait placées hors du campement vinrent les avertir qu'ils avaient découvert des naturels rôdant dans les forêts au-delà des rochers.

Il était facile d'organiser l'équipage et les soldats de marine, aussi furent-ils prêts à recevoir les naturels s'ils se présentaient en ennemis.

L'équipage était composé de soixante-seize hommes, augmentés de douze hommes embarqués comme passagers, et qui préférèrent se joindre aux marins plutôt qu'aux soldats; la compagnie de soldats comptait encore soixante-trois hommes, plusieurs ayant péri de maladie ou dans le naufrage. Tous ces hommes étaient bien armés, déjà disciplinés, et en état de résister à des milliers de sauvages.

Le campement était couvert par les rochers; les sauvages s'avancèrent donc sans crainte vers le rivage; mais, quand ils furent descendus sur la grève, la vue de deux troupes rangées en bon ordre les arrêta soudain. Ils parurent s'entretenir ensemble pour savoir quel parti ils prendraient. On le sut bientôt; ils regagnèrent les hauteurs et descendirent dans les forêts, où on les perdit de vue.

Les travaux reprirent leur cours, seulement on laissa plusieurs hommes pour surveiller les mouvements de l'ennemi. Une partie des hommes fut employée à amarrer les débris du vaisseau que la mer poussait sur le rivage, et les autres à mettre en ordre tous ces objets entassés pêle-mêle dans le campement. Presque toutes les provisions de bouche se trouvèrent intactes; les poudres n'avaient point été avariées, et, après inspection de tout ce qui se trouvait réuni, le capitaine annonça à ses compagnons de naufrage qu'ils avaient pour huit jours de provisions.

Mais, devait-on consommer ces provisions sur la côte, en attendant le passage de quelque navire, ou chercher à se rendre par terre aux établissements hollandais du Cap?

Ce dernier parti fut adopté à l'unanimité, et l'on s'occupa des préparatifs pour un aussi long trajet, dans des contrées inconnues et parcourues ou habitées par des peuples sauvages. Le navire transportait aux Indes plusieurs chevaux, trois seulement avaient pu être menés à terre; le capitaine songea à les faire servir pour le transport des provisions et des munitions, tout aussi nécessaires que les provisions.

Parmi les soldats se trouvaient plusieurs charrons et charpentiers; il leur fit construire de petits chariots en forme de bateaux et qui pouvaient se lier en un seul radeau quand le passage des rivières le rendrait nécessaire. Cette idée put se développer le lendemain sur une plus grande échelle. Les naturels revinrent en plus grand nombre et tentèrent de recueillir les débris que les flots avaient jetés au-delà de la portée du retranchement des naufragés, tandis que la troupe la plus nombreuse gagnait les hauteurs qui dominaient le campement. Une aventure assez singulière les dégoûta de s'attaquer aux naufragés.

Un matelot de stature ordinaire, mais d'une force vraiment prodigieuse, s'était avancé vers le point de la côte où les naturels s'étaient rendus ; il n'avait pour arme qu'un large coutelas et un instrument très meurtrier qu'on nomme fléau. Ne voyant qu'un seul homme, les naturels se portèrent vers lui et l'entourèrent, au nombre de dix ou onze. Le matelot, confiant en sa force, et ne voyant que des ennemis presque nus, continua sa promenade, en leur faisant signe de la main de s'ôter de sa route... Un d'eux s'avance vers lui, lève une massue pour l'en frapper : le matelot bondit sur lui, l'empoigne par les flancs, et le lance au milieu de ses camarades, comme un enfant eût lancé une balle. Les sauvages poussèrent de grands cris, plusieurs autres accoururent, et un cercle menaçant se fit autour du matelot téméraire. Sans paraître ému, il délace le fléau qui cernait son corps, tire son coutelas, qu'il prend de la main gauche, et de la droite, commence à faire jouer l'arme redoutable, en marchant droit aux sauvages.

Chaque coup de la masse de plomb renversait un ennemi, et les coups se succédaient avec rapidité. Effrayés de cette manière meurtrière de combattre, les sauvages lâchèrent pied... Exalté par le succès, le matelot se mit à leur poursuite et arriva jusqu'au gros de la troupe. A la vue de tant d'adversaires, il sentit l'inégalité de la lutte et battit lentement en retraite, comme un vainqueur dédaigneux qui veut bien pardonner aux vaincus.

Cette aventure eut des résultats immenses; le lendemain les sauvages envoyèrent deux hommes à portée du campement; ils enfoncèrent deux rameaux en terre et s'accroupirent dessous. C'était un signe de paix; le capitaine, suivi de Georges, et à la portée du fusil, alla les joindre. Remarquant qu'ils n'avaient point d'armes, il jeta son sabre à terre avant de les aborder; la difficulté fut de s'entendre. Après un long pourparler dont les gestes firent tous les frais, le capitaine comprit qu'ils demandaient des clous et du fer, et qu'ils offraient des bœufs en échange; c'était faciliter le transport de ses compagnons au cap de Bonne-Espérance, car les bœufs pouvaient être attelés à des chariots, et les chariots porteraient provisions et munitions de guerre.

Durant quinze jours les échanges eurent lieu, les ferrailles arrachées aux débris du navire procurèrent aux naufragés plus de cent bœufs, dont on domptait le naturel au fur et à mesure qu'ils étaient amenés. Les restes du navire, les débris ramassés, les mâts et tous les bois propres à cette construction furent employés à faire des chariots. On mit tant d'activité à ce travail, qu'un mois après le naufrage, vingt-cinq chariots, attelés de quatre bœufs domptés et assouplis, étaient construits, chargés de toutes les provisions nécessaires pour un long trajet, et propres à former des radeaux pour le passage des fleuves ou rivières.

Le 6 avril, la caravane se mit en route; vingt-cinq hommes, armés de fusils avec baïonnettes, d'un sabre et d'une petite hache, formaient l'avant-garde et déblayaient, autant que possible, le chemin. A l'arrière-garde, vingt-cinq autres hommes, aussi bien armés, suivaient le gros de la troupe, composé des chariots et des bagages, et entourés du reste des naufragés. Les trois chevaux, légèrement chargés, étaient prêts à être montés et à porter les ordres à l'avant-garde ou à l'arrière-garde. Quelques hommes, choisis parmi les meilleurs tireurs, flanquaient la troupe à droite et à gauche.

Dès qu'ils eurent atteint les pays plats, la marche se fit avec assez de rapidité, mais la chaleur était si intense, que hommes et animaux furent contraints de faire halte après cinq heures de marche. Ce fut dans une petite vallée, entourée d'arbres d'une grande élévation, où ils furent assez heureux pour trouver un ruisseau. La soif qu'ils avaient soufferte pendant ce court trajet, quoiqu'il eût été fait presque toujours à l'ombrage des arbres, fit sentir au commandant de la troupe la nécessité de s'approvisionner d'eau. On défonça plusieurs tonneaux de biscuit; celui-ci fut empaqueté dans les lambeaux de voiles et distribué sur les chariots. Ce travail avait pris le reste de la journée; ils restèrent donc campés, pour la nuit, dans le même lieu.

Pour échapper au gaspillage des vivres et des liqueurs qui faisaient partie des provisions, le commandant organisa un service de distribution, régla les repas et ce qui revenait à chacun par repas; les conducteurs des chariots furent aussi désignés, et n'eurent que cette occupation, que l'habitude leur rendrait plus facile. Parmi la troupe se trouvait un prêtre destiné aux missions indiennes. Le commandant, homme religieux, comprit quels avantages il pourrait retirer de son concours, aussi le dispensa-t-il de toute occupation, et le recommanda-t-il au respect de ses compagnons par la déférence et les égards qu'il lui montrait en toute occasion. Par le conseil de cet ecclésiastique, chaque soir, lorsque la troupe se trouvait réunie, une prière courte était faite en commun, et se terminait par une bénédiction faite sur le campement.

Ainsi, tous les éléments d'ordre, de moralité, qui assurent la tranquillité des hommes réunis, furent mis en œuvre pour assurer le succès d'une route aussi longue que périlleuse. Ainsi, ces hommes que la fureur des flots avait jetés sur les rivages de ces contrées barbares, pouvaient échapper à la destruction subite presque inévitable des naufrages, qui livrent les hommes au seul instinct de la conservation personnelle, c'est-à-dire l'égoïsme, le plus mortel ennemi des sociétés. Le plus dangereux ennemi de l'homme est l'homme lui-même. La société exige des sacrifices, une sorte d'abnégation qui tourne à l'avantage de tous et affermit ses bases, parce qu'elles reposent alors sur les sentiments de la justice et de la charité chrétienne.

La bonne intelligence qui n'avait pas été interrompue durant tout le temps des échanges faits avec les naturels, avait laissé le commandant rassuré de leur côté, mais il n'en avait pas moins pris ses précautions contre toute attaque, soit de la part des hommes, soit de celle des bêtes féroces, dont on avait cru découvrir quelques traces pendant le trajet. Les chariots, disposés en cercle, laissaient un espace, au milieu, suffisant pour y mettre les bœufs à l'abri, mais il fut bientôt reconnu qu'ils devaient être dispersés pour trouver une nourriture suffisante pendant la nuit.

Cette première nuit, le campement était disposé ainsi que cela vient d'être dit, et de grands feux allumés tout autour. La lueur de ces feux servait à éclairer la surveillance des sentinelles, et à préserver le camp de toute attaque imprévue.

Dans les climats brûlants, le besoin de sommeil se fait plus impérieusement sentir que dans les contrées tempérées; aussi le camp était-il plongé dans un profond sommeil, quand le retentissement d'un coup de fusil vint y jeter l'alarme. Chaque corps avait sa place désignée, aussi furent-ils en un instant sous les armes et disposés à repousser une attaque.

D'après le rapport du soldat qui avait donné l'éveil, plusieurs naturels s'étaient, en rampant, assez approchés des feux pour qu'il eût la certitude de ne pas avoir été abusé par une illusion. Il ajoutait que, plus loin, à la ligne où la lueur affaiblie se fondait dans les ténèbres, il avait cru voir des masses mouvantes, qu'il avait supposé être des troupes de naturels. Son récit reçut bientôt sa complète affirmation : un peloton d'hommes envoyés en vedette revint apportant le corps d'un sauvage qui semblait près d'expirer.

Ainsi, la troupe avait été suivie, et les intentions des sauvages se trouvaient malveillantes. Probablement que la vue du fer employé aux chariots avait excité leur cupidité, car c'était le fer qu'ils avaient préféré dans les échanges.

L'apparition subite du soleil mit bientôt un terme à l'anxiété du camp, et des tirailleurs envoyés dans toutes les directions revinrent sans avoir découvert d'ennemis. Seulement ils rapportèrent plusieurs armes à l'usage des sauvages, ce qui confirma encore le rapport de la sentinelle.

Le blessé refusa obstinément toute nourriture, ainsi que de se soumettre à un pansement. Il expira peu d'heures après et fut enterré dans le camp même.

La marche fut reprise vers les sept heures du

matin, mais, comme le jour précédent, il fallut s'arrêter en route après quelques heures.

Le commandant en changea l'heure, et le lendemain, après le milieu de la nuit, la troupe reprit son chemin et le continua jusqu'à l'heure où la chaleur devint insupportable. Alors il y eut une halte que les hommes consacrèrent au repos, et les bœufs purent se disperser autour du camp avec moins de danger du côté des bêtes féroces, qui rôdent plus particulièrement la nuit.

Ce jour-là on avait trouvé la carcasse d'un grand animal, que les soldats jugèrent être celle d'un bœuf; les os seuls, portant l'empreinte profonde de dents, étaient entièrement dépouillés de chair. Des fientes trouvées auprès furent attribuées au lion.

Le désert se révélait donc déjà avec ses embûches, ses dangers et ses fatigues.

La marche fut reprise vers cinq heures du soir, et prolongée jusqu'à la tombée subite de la nuit. Le lieu n'étant pas favorable au campement, on résolut d'avancer encore quelque temps pour trouver un emplacement plus propre. L'avant-garde s'éclaira avec des tisons ardents, mais il fallut bientôt s'arrêter : le terrain devenait si rude, que les chariots étaient à chaque instant en danger de verser.

Les deux journées suivantes, dans un campement propice, furent employées à allonger les essieux des chariots pour leur donner plus de solidité. Ce travail fut si habilement exécuté, qu'on pouvait, au besoin, rapprocher les roues du corps du chariot.

Chaque jour révélait une amélioration à apporter, et aussitôt elle était exécutée.

L'eau était épuisée, et l'on ne trouvait plus de ruisseau ni le moindre filet d'eau. Le sol, devenu plus aride, n'offrait plus un pâturage suffisant aux animaux. La soif, la terrible soif se révélait donc aussi comme un des plus terribles ennemis dans le désert. Ce pays environnant fut exploré dans tous les sens sans trouver la moindre indication d'eau, et, devant eux, dans un horizon brûlant de lumière, se dressaient des montagnes qui s'étendaient en cercle dans une étendue qui échappait aux yeux. Il fallait donc les franchir... L'accablement commençait à se communiquer dans le camp. Le commandant réunit un conseil composé de ceux qui avaient le plus d'autorité parmi ses compagnons.

Il fut résolu d'envoyer des hommes avec les chevaux jusqu'au pied des montagnes, de les suivre lentement, et d'attendre leur retour. Le commandant et le timonier supposaient qu'on devait trouver, au pied même de ces montagnes, des amas d'eau, sinon des ruisseaux ; cette espérance répondait trop aux besoins du moment pour qu'elle ne fût pas acceptée avec empressement. Les cavaliers partirent donc, et le reste de la troupe, après un repos de cinq heures, les suivit lentement en se dirigeant sur les indices laissés par les cavaliers. C'étaient des branches d'arbres, de buissons épineux, ou des pierres par petits monceaux.

L'usage des viandes salées irritait encore la soif; on y renonça pendant quelque temps, et ce furent les produits, bien insuffisants, de la chasse des tirailleurs, qui fournirent au camp les provisions de chair.

La maladie se déclara chez plusieurs des naufragés; on fit, avec des hamacs, des lits suspendus sous les chariots; enfin il fallut faire halte. Un soldat de marine découvrit un espace de peu d'étendue, mais couvert d'une herbe verte et fraîche; il en conclut qu'il devait y avoir là une source souterraine et vint rapporter cette bonne nouvelle au commandant.

La terre fut creusée avec empressement, et, à une petite profondeur, l'eau se montra... Ce fut un cri de joie sorti de toutes les bouches; mais il fallait attendre que l'eau se clarifiât. Les bœufs s'y jetèrent en foule, ce fut un tumulte au milieu duquel plusieurs naufragés faillirent être écrasés ou étouffés. Dans l'impossibilité de rétablir l'ordre, la source leur resta jusqu'à la nuit; mais les abords en avaient été tellement piétinés, qu'il fallut encore fouir la terre et attendre, dans les supplices de la soif, une eau plus potable.

Elle se trouva assez abondante, et, quoique un peu saumâtre, elle fut jugée délicieuse; on eut soin d'en remplir les tonneaux et d'y faire abreuver les bœufs avant de lever le camp.

L'aumônier, à l'instant même où l'on se préparait au départ, fit observer au commandant qu'il valait mieux attendre dans ce lieu, où l'on ne manquerait pas d'eau, le retour des cavaliers. Les montagnes, d'après son estimation, n'étaient pas éloignées de plus de sept ou huit lieues ; les cavaliers devaient donc être de retour vers la fin du jour suivant, et l'on saurait alors mieux quel parti prendre. Ce conseil fut approuvé, et le camp resta en place, à la satisfaction générale. Mais le temps perdu pour la marche ne le fut pas pour les travaux utiles : tous les chariots furent inspectés, les bagages déplacés et examinés, et les réparations nécessaires faites.

Les bois voisins fournirent une petite quantité de fruits et de baies, dont on mangea avec précaution, et l'on fit dessaler des viandes pour le jour suivant. Il fut signalé par un violent orage qui bouleversa la tente du campement, renversa les trois petits chariots et les inonda de torrents d'eau.

Les cavaliers ne revenaient point, et l'inquiétude allait en augmentant. Elle devint si vive que, le surlendemain, après s'être approvisionné d'eau, le commandant fit lever le camp, et on se mit en route, déterminés à pousser en avant le plus loin que les forces le permettraient. Ce jour fut signalé par un événement qui leur donna une idée des dangers qu'ils avaient à craindre de la part des hôtes du désert. Obligés de faire un détour pour éviter des amas de rochers qui ne permettraient pas le passage des chariots, ils descendirent dans une gorge entre deux petites collines où un seul chariot pouvait cheminer. A peine étaient-ils au milieu que des masses de rochers bondirent des élévations et estropièrent plusieurs bœufs, écrasèrent deux chariots et blessèrent plusieurs hommes. Prompt comme l'éclair, le commandant s'élance avec une poignée d'hommes sur la pente de la colline, et, peu après, une fusillade rapide annonça qu'ils étaient aux prises avec l'ennemi. Le capitaine des soldats de marine se montra d'une manière remarquable. Il avait suivi l'ascension des marins et calculé la retraite de l'ennemi, incapable de soutenir l'attaque d'hommes armés de fusils. Puis, se portant sur le passage des sauvages, et distribuant ses hommes par pelotons, il était tombé sur eux comme la foudre ; ils fuyaient, saisis d'épouvante, et les balles en diminuaient le nombre, à leur grande stupéfaction. Les Européens ne perdirent pas un seul homme dans ce combat, qui fut, dès l'abord, une véritable déroute, mais la colline était parsemée de morts et de blessés. Le nombre des assaillants devait s'élever à plus de mille à douze cents hommes. On franchit rapidement la gorge et l'on se trouva dans une longue plaine rase, nue et stérile. La nuit, dans le lointain, ils virent briller une quantité de feux, l'ennemi n'était donc pas complètement découragé. Confiants dans leur supériorité, ils s'avancèrent dans cette plaine désolée, se dirigeant vers le campement des sauvages. La carcasse d'un cheval les fit trembler pour le sort de leurs compagnons lancés en avant; elle était encore garnie de lambeaux de chair.

Le jour, comme cela arrive entre les tropiques, disparut tout-à-coup; mais le ciel était si pur, parsemé de tant d'étoiles, qu'une clarté suffisante éclairait leur marche. Le commandant, ne laissant autour des chariots qu'une garde suffisante pour les protéger, s'avança en silence vers les ennemis, laissant les chariots en arrière; leur bruit aurait trahi sa marche. Jamais un calme aussi profond n'avait enveloppé le désert; jamais ciel étoilé de tant de feux n'avait jeté sur cette plaine silencieuse plus de lumière, douteuse, à la vérité, mais si nette, si tranchée entre le jour et les ténèbres, que l'on pouvait voir le sol où le pied se posait, et marcher avec prudence.

Le sauvage ne connaît pas les précautions militaires : les insulaires, se croyant à une grande distance de l'ennemi, s'étaient endormis sur le sol après avoir tenu un grand conseil, car plusieurs peuplades se trouvaient réunies.

Arrivés à une portée de fusil de leur campement, le commandant rougit de honte à l'idée de tomber sur des ennemis qu'il trouvait endormis et sans surveillance. Il avance encore, il est avec les siens près des feux qui s'éteignent, et pas un bruit, pas un signe de vie ne se révèle dans le campement.

Deux de ses gens avaient pris les tambours de la compagnie des soldats de marine. Il donne rapidement ses ordres et fait battre la charge et décharger quelques fusils. Le campement sort du profond silence qui l'enveloppait, et retentit de cris sauvages ; le sol est tout-à-coup animé, une multitude d'êtres courent à droite et à gauche, de tous côtés, se heurtent, se renversent, s'arrêtent, puis s'abandonnent à une course désordonnée. Le commandant entrait dans le camp au pas de charge, et les balles de ses décharges sifflaient à travers cette multitude éperdue. La déroute, l'épouvante, furent si complètes, qu'ils abandonnèrent leurs troupeaux, leurs armes, leurs ustensiles de ménage, et s'enfuirent du côté opposé aux décharges de fusils. La même épouvante saisit leurs troupeaux, ils arrivaient par bandes sur les naufragés, qui furent obligés de tirer sur eux. Ce tumulte, car ce n'était pas un combat, dura quelques heures.

Et, quand le jour parut, la plaine n'offrait plus aux regards que des troupeaux dispersés, des tentes grossières ; çà et là des morts ou des blessés, mais pas un seul ennemi.

Les troupeaux qu'ils purent rassembler s'élevaient au nombre de plusieurs milliers, la plus grande partie en moutons ; ceux qui avaient été tués par les balles suffirent à la nourriture de la troupe durant trois jours. Cette richesse, acquise par le droit de la guerre, mais de la guerre défensive et légitime, fut conduite au campement, dont elle devint une richesse précieuse.

Les voilà possesseurs de troupeaux nombreux et pouvant, comme les naturels, promener leurs tentes à travers les solitudes, menant avec eux un aliment vivant. Le lait des vaches, des brebis, leur devint un secours inespéré contre la soif et le manque d'eau.

On trouva dans le camp ennemi les armes des cavaliers et le harnachement des chevaux. Ils étaient donc tombés au milieu de cette multitude d'ennemis et y avaient péri. Leurs corps ne furent pas retrouvés.

L'épouvante allait s'étendre au loin ; il fallait en profiter et marcher en avant. C'est ce qu'ils firent. Chez les peuplades nomades, les nouvelles sont rares et accueillies avec ardeur ; l'homme est l'homme sur tous les points du globe, c'est-à-dire un animal curieux à l'excès, qui enchérit toujours les nouvelles qu'il colporte. Le passage de ces étrangers fut raconté comme s'ils étaient des peuples conquérants débarqués pour asservir les peuplades de l'intérieur de l'Afrique, et des nations en guerres continuelles les unes contre les autres s'unirent dans le but de repousser l'ennemi commun.

Mais n'anticipons point sur les événements.

La troupe suivait la route la plus directe qu'elle pouvait vers le sud, afin d'atteindre les possessions hollandaises déjà assez avancées dans l'intérieur des terres. Cette direction était celle qu'avaient prise les fuyards... Les traces laissées sur leur passage prouvaient qu'ils étaient parvenus à réunir une quantité de troupeaux ; tous les lieux de pâturage se trouvaient dégarnis d'herbage, il fallut donc s'écarter de cette trace pour en trouver, afin d'alimenter leurs nombreux troupeaux. Ce fut dans ces parages qu'ils commencèrent à être inquiétés par les lions. Chaque nuit, malgré leur vigilance, une ou deux têtes de bétail leur étaient enlevées, et les rugissements des lions qui rôdaient autour du camp troublaient leurs instants de repos et inquiétaient les marches de nuit. Nous rapportons ici une aventure dont le matelot au fléau fut encore le héros. Celui-ci, ennuyé de toujours entendre les rugissements du roi des solitudes, résolut de se mettre en quête de lui et de le voir de près. Les forces physiques inspirent toujours une grande confiance aux hommes qui en sont doués.

Un fusil armé d'une baïonnette sur l'épaule, le coutelas au côté et le fléau à la ceinture, il s'avança seul, une nuit que des rugissements formidables troublaient le silence du désert. La lune était dans son plein, et sa lumière, traversant une atmosphère pure, versait sur la solitude un demi-jour qui laissait percevoir les objets à une assez grande distance Tout-à-coup, d'un fourré d'arbustes, un énorme lion bondit et se posta sur son passage... Mettre son fusil en joue fut l'affaire d'une seconde pour le téméraire matelot... Le lion s'arrêta, s'accroupit, et des jets de feux jaillirent de ses fauves prunelles.. — Cela me donna la chair de poule, raconta dans la suite le matelot, mais le vin était tiré, il fallait le boire. Je visai entre les yeux qui flamboyaient à dix pas de moi. Le coup partit, et, presque en même temps, une masse lancée comme une balle traversa l'espace, tomba sur la pointe de ma baïonnette qui fut tordue, et moi, quoique affermi sur mes jarrets, j'éprouvai une si soudaine et si violente secousse, que je faillis en être renversé. Le fusil échappa de mes mains, mais le coutelas arma aussitôt ma droite. Un bond de côté me sauva, car le lion, quoique blessé, s'était lancé sur moi en poussant un rugissement qui me sembla le bruit sourd d'un tonnerre lointain. Comme s'il eût été honteux d'avoir manqué son attaque, il s'accroupit encore et sa longue queue fouettait rapidement ses flancs. Je songeai à mon fléau, dont la longueur pouvait atteindre la terrible bête que je voyais à six pas de moi. Les premiers cercles décrits par la masse de plomb parurent surprendre le lion, dont les regards ardents cessèrent de me fixer. Je profitai de cette distraction, et la masse de plomb s'abattit sur le côté de la tête de la bête féroce, à l'instant où je faisais un nouveau saut de côté pour échapper au bond que j'attendais. Le lion pencha la tête comme s'il eût été étourdi, mais l'éclat de ses yeux fut si puissant, que je sentis le frisson dans tout mon corps. Un second coup fut évité avec une inconcevable prestesse par le lion; mais un troisième, rendu plus violent par le mouvement de rotation, l'atteignit sur le côté de la tête ; il poussa un rugissement presque plaintif et se coucha sur le côté. La sueur m'inondait le front, et mon bras cessa d'agiter le fléau... Je l'avoue, je fus tenté de me retirer, n'osant pas pousser plus loin mes avantages. Soudain, le lion se dresse sur ses jambes, et, d'un bond imprévu, m'atteint, me renverse et va rouler à deux pas au-delà de moi. Mais, admirez ma bonne fortune : le lion, me voyant debout et prêt à la lutte à mort, cessa d'agiter sa queue et se retira lentement dans le fourré d'où il s'était élancé pour me barrer le passage. Je respirai plus à l'aise et ne songeai point à l'y suivre.

Quand on demandait à ce matelot, que l'on avait surnommé *Sans-Peur*, s'il aurait encore envie de se mesurer avec les lions, il répondait froidement : S'ils m'attaquent, je les combattrai ; mais je suis guéri de l'envie de les aller chercher.

La saison devenait mauvaise ; les orages se succédaient, et les pluies tombaient à torrents. Le sol détrempé offrait des routes souvent impraticables, et, pour comble de malheur, les campements des hauteurs voisines changèrent les basses terres en marécages impossibles à traverser. Il fallut établir le camp sur les petites éminences des alentours, ce qui mit dans la nécessité de le diviser, et d'affaiblir ainsi les forces.

Les jours suivants furent signalés par deux troupes d'éléphants qui vinrent se baigner dans les marais et brouter les feuilles des arbres. Nous laissons parler le commandant.

— Ces animaux sont moins grands et moins gros que ceux que j'avais vus aux Indes ; mais ils me parurent plus agiles et plus farouches. La première bande, composée de six individus et de deux jeunes éléphants, s'approcha de mon camp de manière à m'inquiéter, mais elle passa à côté, après l'avoir assez longtemps regardé. Je pus remarquer le soin que les mères prenaient de leurs petits; elles les caressaient doucement avec leurs trompes et paraissaient les surveiller sans cesse. La seconde troupe, beaucoup plus nombreuse, passa loin des deux campements et se perdit dans les massifs d'arbres dont les bords de la route étaient parsemés.

Je n'avais point songé aux dangers que ces énormes bêtes pouvaient nous faire courir si elles se jetaient sur nos chariots qui entouraient le campement, et aux dégâts qu'elles pouvaient y faire, en supposant qu'elles n'écrasassent point quelques-uns des nôtres

Le soir même nous fîmes des fossés profonds autour des chariots et nous y établîmes nos tentes. La nuit fut troublée par les rugissements des lions; soit qu'ils fussent descendus des hautes terres pour rechercher les eaux, soit que l'odorat leur eût annoncé le voisinage de nos bestiaux, trois moutons et une vache furent enlevés pendant la nuit. Enfin, comme pour nous distraire des ennuis inséparables d'une halte forcée, nous eûmes le spectacle d'un combat d'un lion contre la troupe d'éléphants qui s'était approchée du campement. Cette dernière, que nous avions perdue de vue, annonça son retour longtemps avant que nous la découvrissions, par un bruit semblable à celui que ferait un corps de cavalerie s'avançant au grand trot; surpris de ce bruit, nous prîmes nos fusils et nous nous mîmes en position de nous défendre. Les femelles trottaient en avant, sans perdre leurs petits de vue, les autres éléphants les suivaient en donnant des signes d'agitation... Ils se dirigèrent vers la plaine encore inondée. Deux lions les suivaient de si près, que deux éléphants se tournèrent pour leur faire face, tandis que les femelles gagnaient du terrain. Les lions s'arrêtèrent aussi, se couchèrent contre le sol, prêts à prendre leur élan. Soudain un d'eux se jette de côté et bondit vers les éléphants qui fuyaient. Un des deux éléphants qui s'étaient retournés pour faire face aux lions se met sur la trace; le lion, à ce bruit, s'arrête, fait plusieurs bonds, puis tombe sur la croupe de l'éléphant, dans laquelle il enfonce ses puissantes griffes. L'éléphant poussa un mugissement terrible, et, se repliant autant que le permettait la structure de son corps, il saisit le lion avec sa trompe par le milieu du corps, enlève la partie postérieure, mais la gueule et les griffes enfoncées dans les chairs y restent solidement cramponnées; la lutte devint haletante. Tout-à-coup un des éléphants qui escortaient les femelles arrive au grand trot ; le lion lâche prise et veut bondir en arrière, mais nous vîmes qu'il ne le faisait plus avec la même vigueur. Ses deux ennemis le pressent, le menacent de leurs longues défenses, et, la tête inclinée, vont le saisir comme entre deux tridents. La bête féroce sent le danger de sa position, elle évite la trompe de l'éléphant déjà blessé, et s'attache à son mufle.

C'est alors que nous pûmes reconnaître que les animaux ont plus que de l'instinct. L'éléphant libre s'approche sans précipitation, entoure le cou du lion de sa trompe, et lui enfonce ses défenses dans le corps. Le lion lâcha prise, rendit un épouvantable rugissement, et, d'un effort désespéré, se débarrassa de l'épieu d'ivoire qui l'avait transpercé... Il tomba à terre, se releva, retomba encore, et fut écrasé sous les pieds de ses deux ennemis.

Nous avions suivi avec un intérêt croissant les accidents de cette lutte terrible ; lorsqu'elle fut terminée, nos regards se portèrent sur les deux autres adversaires. Le second lion, sans perdre de vue l'ennemi qu'il avait en face, avait cependant été témoin de la défaite du premier lion. Il n'attendit pas l'approche des deux éléphants, qui accouraient au secours de celui qu'il avait en face, et se retira lentement, semblant encore les défier. Echauffés par le combat, peut-être fiers de leur triomphe, les deux éléphants se mirent à sa poursuite. Il hâta sa marche, faisant des bonds prodigieux qui le mettaient hors de la portée de ses ennemis, puis s'arrêtait avec une apparence de défi. Ils disparurent à notre vue, derrière une élévation de terrain. Les femelles et les petits nous apparurent à une assez grande distance, occupés à dépouiller les arbres de leurs rameaux.

J'envoyai chercher le lion que je croyais mort, et un des nôtres faillit être la victime de sa précipitation : l'animal, quoique étendu dans une mare de sang, eut encore assez de force pour l'étendre à terre d'un coup de patte. Un coup de fusil tiré dans l'oreille, à bout portant, l'acheva. De l'origine de la queue au museau sa peau avait sept pieds trois pouces. Nous l'étendîmes sur un des chariots, abandonnant aux animaux carnassiers la chair, qui ne peut servir d'aliment aux hommes.

Le ciel était devenu plus calme, l'air et la terre avaient bu les eaux de pluie. Les marais, à sec, s'étaient couverts d'une végétation luxuriante que l'on ne voit que dans les contrées intertropicales ; nous pouvions reprendre notre marche et profiter de la vigueur qu'un repos de quelques jours nous avait rendue.

La chaîne de montagnes s'élevait devant nous, décrivant un grand cercle du sud au sud-ouest ; impossible de trouver un autre chemin. Avant de lever le camp, je voulus fortifier l'esprit de mes compagnons, les préparer à tous les obstacles, à toutes les privations, à tous les dangers dont ces vastes solitudes sont parsemées. Sur un autel de gazon, où l'aumônier célébra la messe, en présence de tout le camp assemblé, il fit ensuite une exhortation chaleureuse sur les devoirs de l'homme envers l'homme, du chrétien envers le chrétien. Il parla bien, car il fit impression et prépara les âmes à supporter avec patience et résignation les épreuves qu'il plairait à la Providence de nous envoyer.

Je fis ce que je devais faire; je pris toutes les précautions possibles contre les accidents de toute espèce qui ne manqueraient pas de nous survenir, et ce fut aux fanfares de nos trompettes que nous levâmes le camp. Il était environ deux heures du matin; en jetant les yeux en arrière et en voyant les feux mourants de notre campement abandonné, j'éprouvai un indicible serrement de cœur, triste pressentiment des souffrances qui nous attendaient. Le sol s'élevait, des arbres obstruaient le passage, des rochers presque à fleur de terre le rendaient tellement raboteux, que nous n'avancions qu'avec une extrême lenteur, lorsqu'un soleil de feu, dès son lever, inonda la solitude de lumière; nous avions à peine fait une lieue, et le terrain se présentait rapide, chargé d'arbres, de buissons et de petites plantes d'un vert foncé. Les pluies avaient rendu la vigueur à la végétation, autour de nous tout offrait le plus brillant spectacle de ses prodiges. Deux chariots reçurent des avaries, et il fallut s'arrêter pour les réparer; mais les autres continuèrent leur lente ascension. La nature paraissait plus animée, plus riche, plus joyeuse; partout des troupes d'oiseaux, la plupart inconnus, des animaux de différentes espèces, des insectes en quantités considérables ; si l'homme manquait, les autres êtres pullulaient. Nos chasseurs abattirent du gibier en suffisance pour la nourriture du camp, et la halte du milieu du jour fut presque une fête; depuis notre départ nous n'avions pas eu une chère aussi abondante et aussi délicate.

Les broches improvisées tournaient chargées d'oiseaux, de gibier à poil, au milieu de la satisfaction générale. Nous nous croyions tous dans un véritable Eden. Pour donner à cette fête impromptue plus d'entrain, un de nos tonneaux de vin fut défoncé et distribué à la troupe. Trois heures de repos nous rendirent plus vigoureux de corps et d'esprit, et ce fut avec joie que nous continuâmes notre ascension. Quand je dis ascension, je me sers du mot propre; car la pente devenait si rapide, que nous fûmes dans la nécessité d'atteler douze bœufs à chaque chariot et de les suivre pour arrêter les roues. Tout-à-coup j'entendis des cris partant des premiers chariots; j'y courus en hâte. Quelle fut ma surprise! le sol était coupé presque à pic, et, dans l'enfoncement, entre les deux parties de la montagne, coulait une rivière rapide, profonde, et à laquelle il nous était impossible d'arriver sans chercher un lieu praticable à la descente. J'interrogeai avec ma lunette l'amont et l'aval de ce cours d'eau : c'était partout des rochers inabordables, de véritables précipices. Des hommes, en s'aidant, auraient pu se glisser le long des rochers, atteindre le fleuve, mais il fallait renoncer à y conduire nos bagages et nos troupeaux.

Des éclaireurs furent envoyés le long des rochers, les uns remontant le cours et les autres le suivant ; le reste de la troupe attendit là où nous étions.

Cet obstacle inattendu me fit prévoir les désappointements qui accidenteraient notre voyage, et ne laissa pas que de me donner de vives inquiétudes.

Nos éclaireurs n'avaient point trouvé de descente favorable ; il fallait cependant prendre un parti. En suivant le cours du fleuve, son passage nous deviendrait plus difficile qu'en le remontant ; par une raison contraire, nous devions le trouver moins large, et, comme il n'y avait apparence de descente ni en suivant le cours ni en le remontant, nous prîmes le parti de le remonter, certains d'avoir une chance de plus. Il fallut redescendre au pied des montagnes ; nous y campâmes cette nuit. Une partie de nos gens suivait la crête des hauteurs, et, pour signaux, nous allumions de grands feux à chaque halte. Trois jours entiers nous nous avançâmes vers le nord sans que nos gens, qui longeaient les crêtes parallèles à l'eau, nous eussent signalé un lieu de descente. Le quatrième jour, peu de temps après l'apparition du soleil, une grande et tranquille nappe d'eau nous éblouit les yeux. Le fleuve décrivait une courbe immense et s'étalait calme et majestueux entre des rives basses et d'un abord facile. Le passage entre les rochers n'offrant pas un écoulement suffisant aux eaux, elles avaient empiété sur les terres basses et formaient un grand et magnifique lac qui s'étendait à perte de vue.

Après les premiers moments enlevés par l'admiration, je sentis l'embarras de notre position : devant nous se trouvait un obstacle insurmontable, à moins d'abandonner bagages et troupeaux ; c'était rendre notre voyage impossible.

Je crus que, dans ces circonstances difficiles, l'intelligence d'un homme était toujours inférieure à celle de plusieurs, car l'intérêt commun fait taire l'esprit de discussion et d'amour-propre. J'assemblai les hommes que j'appelais ordinairement au conseil. Je m'étais trompé dans mon raisonnement ; les opinions furent si partagées, que nous ne pûmes ce soir-là arrêter aucun plan. Contrarié de cette discussion, qui ne me promettait rien de bien si je ne prenais pas résolument la direction de la marche, je sortis du camp vers le milieu de la nuit, et suivis les bords du lac, dont pas un souffle de vent ne troublait la surface, unie comme une glace. Dans les contrées situées entre les tropiques, il n'y a de nuit véritable que lorsque le ciel est obscurci par les nuages. Cette nuit il était pur, limpide, la clarté des étoiles arrivait à la terre sans obstacles et le lac, en la réfléchissant, augmentait encore l'éclat de ce jour voilé. J'avançai toujours au milieu de ce calme qui se communique à l'âme et que le bruit de quelques poissons qui sortaient à demi de l'eau pour aspirer l'air extérieur et s'y replongeaient soudain, troublait seul. A environ vingt pas en avant, je distinguai une longue masse noire qui se traînait lourdement sur le sable, puis il me sembla que des reflets presque imperceptibles jaillissaient de la partie exposée au rayonnement des étoiles. Incertain, je ralentis le pas, armai mon fusil, et concentrai toute mon attention vers ce point. Je m'aperçus qu'il diminuait de longueur et qu'il s'approchait de moi. L'instinct de la conservation me porta en arrière; mais l'animal, car je ne pouvais plus douter que ce ne fût un animal, gagnait sur moi de l'espace; je lâchai la détente du fusil; la détonation l'effraya, et je l'entendis tomber dans l'eau à grand bruit, puis je vis sa tête à la surface, puis il plongea et je ne revis plus rien.

Le bruit attira plusieurs de nos gens; je leur contai mon aventure, et chacun l'expliqua à sa manière; le lendemain la véritable explication nous fut donnée; ce grand lac était peuplé de caïmans, et je serais infailliblement devenu la proie d'un de ces monstres si je m'étais avancé de vingt pas de plus vers lui. Nous en tirâmes plusieurs, mais nos balles de plomb glissaient sur les écailles, et nous ne pûmes en tuer un seul. Ceci nous rendit plus prudents, et nos pêcheurs ne s'aventurèrent plus, comme le premier jour, sans avoir bien battu les roseaux des rives du lac.

Il n'y avait point à penser à traverser ce lac à l'aide de trois petits chariots auxquels nous avions donné la forme de bateaux, lorsque nous n'espérions emporter qu'un bagage bien moins considérable que celui que nous avions sur nos grands chariots, et que nous ne comptions point sur nos nombreux troupeaux. C'était donc en suivant les bords du lac que nous pouvions espérer trouver un gué. Le signal du départ fut donné et nous avançâmes plus rapidement que nous ne l'avions fait jusqu'alors. Les terres étaient assez planes ; les arbres et des plantes aquatiques étaient les seuls obstacles que notre avant-garde eût à enlever. Mais ce travail était si pénible, qu'il fallait la relever d'heure en heure. Dans la route un caïman estropia un de nos bœufs qui s'était avancé dans les hautes herbes pour se désaltérer. Il fut abattu pour la provision du camp.

Le nombre des grands roseaux qui bordaient le lac sur notre passage me suggéra l'idée de m'en servir pour construire un grand radeau qui pourrait nous devenir indispensable pour le passage de la rivière... A la première halte, nos gens s'employèrent activement à en faire un grand abattis ; mais il fallut que nos tirailleurs se tinssent près d'eux l'arme en joue, pour effrayer les caïmans par de fréquentes détonations. Ils se lançaient sur ceux qui coupaient les roseaux ; le bruit de la fusillade les écarta pour quelque temps, mais ils s'y habituèrent, et nous les vîmes en troupe nager parallèlement à notre marche du soir.

La halte se fit plusieurs heures plus tôt que de coutume; il fallait commencer le radeau. On abattit de grands arbres pour en former la charpente et le fond, puis les intervalles furent remplis de roseaux assujétis solidement et maintenus des bords avec les mêmes matériaux; mais ce travail nous prit deux jours et une nuit, quelle que fût la diligence apportée au travail. Le bagage des trois petits chariots en forme de bateaux fut transporté sur le radeau, et les bateaux, munis de rames, furent pour ainsi dire attelés au radeau qu'ils devaient remorquer. Un danger imprévu se déclara; le radeau, trop peu chargé, fut assailli par les caïmans; dans leurs évolutions dessous et sur les côtés, ils lui imprimaient des mouvements d'oscillation qui jetaient tantôt d'un côté, tantôt de l'autre, nos bagages mal amarrés; mais il fallut renoncer momentanément aux bateaux; les bordages en étaient si peu élevés que les horribles bêtes y touchaient avec leur affreux grouin et firent fuir nos gens sur le radeau. Une décharge générale les mit en fuite, et nous eûmes le bonheur d'en tuer un et d'en blesser plusieurs, car les eaux du lac devinrent rouges en plusieurs endroits. Nous croyions avoir enfin écarté ces dangereux ennemis et pouvoir remonter tranquillement le lac; mais de nouveaux adversaires surgirent tout-à-coup. La détonation répercutée par les montagnes au pied desquelles nous cheminions, s'étendit à une distance considérable; vers le soir on signala de petits points noirs sur la surface lointaine du lac. On crut d'abord que c'étaient des troupes d'oiseaux qui fréquentent les eaux, car le bruit de nos fusils en avait fait lever des bandes innombrables, et l'attention fut distraite de ces objets par cette persuasion... Mais nous fûmes bientôt désabusés; ce que nous prenions pour des troupes d'oiseaux était des pirogues dans lesquelles je distinguai, à l'aide de ma lunette, des hommes ramant avec vigueur et portant sur nous. Le demi-jour qui s'étendit sur le lac à la disparition du soleil les déroba à notre vue et nous livra à de vives inquiétudes

Des pirogues ou des canots dénotaient des peuplades sédentaires sur les bords du lac; quel accueil allions-nous recevoir de ces peuplades? A tout événement, la troupe fut mise sur pied de guerre et la vigilance recommandée. Le reste de la nuit les caïmans vinrent causer des dégâts au radeau; il fallut le réparer et éloigner ces hôtes dangereux du lac.

L'avant-garde, composée de vingt-cinq hommes, et commandée par le lieutenant de marine, prit le devant; je restai avec les chariots et les hommes qui les escortaient, ayant à la gauche le radeau et les trois bateaux, avec douze hommes pour les conduire.

Ne craignant rien pour les derrières ni pour le

flanc droit, je tenais sous ma main le reste de mon monde; cette imprévoyante sécurité faillit nous coûter cher et fut cause de la perte d'un des nôtres.

Les naturels dont nous avions enlevé les troupeaux et auxquels nous ne pensions plus ne nous avaient pas perdu un instant de vue. Connaissant la puissance de nos armes, ils se tenaient à distance et à couvert, épiant l'occasion de nous reprendre leurs richesses. Soit qu'ils eussent envoyé des exprès aux peuplades du haut du lac, en voyant la direction de notre marche, soit qu'ils eussent compté sur les mésaventures de la route, c'est ce que je ne saurais dire; toujours est-il qu'ils se montrèrent en grand nombre sur nos derrières et, sur le flanc droit, si rapprochés de nous, qu'un des nôtres fut atteint d'une flèche empoisonnée et expira une heure après. L'avant-garde s'était arrêtée à la vue d'une troupe nombreuse postée sur son chemin, tandis qu'une petite flottille de pirogues descendait dans le milieu du lac où les eaux, plus profondes, n'attiraient point les caïmans.

La journée était fort avancée quand l'avant-garde se replia sur nous; nos dispositions furent prises pour faire face aux ennemis : les chariots formèrent un demi-cercle embrassant un espace suffisant pour abriter nos troupeaux et les hommes postés sur les chariots, dessous et autour, disposés pour les recevoir. Cinquante hommes se tinrent au centre, prêts à porter secours à la partie du campement qui faiblirait. Les hommes du radeau l'engagèrent dans les roseaux, parvinrent à y hisser une chaloupe et la présentèrent comme bouclier au côté d'où l'attaque des pirogues pouvait être prévue.

Les voyageurs qui ont parcouru quelques contrées de l'Afrique ont remarqué que les sauvages font rarement des attaques la nuit. Nous reconnûmes l'exactitude de cette remarque, car nos avant-postes ne remarquèrent pas un seul mouvement parmi ces peuplades tant que dura la nuit. Nous mîmes ce temps à profit pour fortifier notre campement en l'entourant d'un fossé et de pieux entrelacés de roseaux ; avant le lever du jour je me hissai sur un des arbres les plus élevés qui se trouvaient dans le camp, et ma vue put dominer l'attaque, de quelque côté qu'elle vînt. Une sangle m'entourait le corps au-dessous des bras, qui étaient libres, et mes pieds s'appuyaient sur deux étriers en corde; il m'était, ainsi, facile de décharger et de recharger mon fusil. Nos gens gardaient le plus profond silence et se tenaient à couvert derrière le gabionnage, impénétrable à tous les traits des sauvages. Le camp paraissait désert; aux alentours l'air retentissait des hurlements affreux qui augmentaient d'intensité à mesure que les ennemis s'avançaient. Le silence de mort du camp parut leur inspirer des inquiétudes; ils s'arrêtèrent un instant; mais ceux dont nous avions enlevé les troupeaux, irrités par cette perte, se ruèrent comme un torrent sur la droite du camp et ne s'arrêtèrent qu'au fossé... Sur mon signal, les hommes de la réserve s'étaient portés sur ce point, et une décharge épouvantable sema dans cette multitude pressée, confuse, des balles dont pas une ne fut perdue. Ce bruit, le nombre des morts ou blessés, et la seconde décharge qui suivit de près la première suffirent pour mettre l'ennemi en fuite. Une déroute plus complète n'est pas possible. Ceux que nous avions en tête, après quelques instants d'hésitation, se débandèrent aussi, et le chemin nous fut laissé aussi libre que dans la plus entière solitude. Une partie des nôtres fut envoyée à la poursuite des ennemis ; ils ne purent les atteindre, ils coururent tant que leurs jambes purent les porter. Nous trouvâmes grand nombre de morts et peu de blessés, les décharges avaient été faites de trop près. Notre chirurgien et l'aumônier donnèrent leurs soins aux blessés ; nous ne voulions pas la guerre, mais le passage libre. Profitant de la terreur répandue par ce succès, nous nous mîmes rapidement en route sans nous inquiéter des pirogues, qui n'avaient pas quitté le milieu du lac, probablement par la crainte des caïmans.

Le soir, nous assîmes notre camp sur une élévation d'où nous décrouvrîmes une belle et large vallée couverte de huttes, et, avec l'aide de ma lunette, je vis une nombreuse population s'agiter comme un essaim d'abeilles aux approches de l'orage.

L'aumônier, pour éviter une nouvelle effusion de sang, proposa de se rendre à la bourgade et de tâcher d'y faire comprendre que nous arrivions avec des intentions pacifiques.

Tout en approuvant ce projet, j'en crus l'exécution trop dangereuse pour souffrir qu'elle lui fût confiée... Nous tâchâmes de faire comprendre aux moins blessés de nos prisonniers nos intentions de paix, et nous les fîmes transporter aussi près que possible de la bourgade ; j'avais, en outre, ajouté des petits présents que je supposai devoir être agréables à ces enfants du désert. Notre tentative eut un plein succès, et, le matin suivant, nous allâmes nous camper à deux cents pas de la bourgade, et les échanges commencèrent entre nous. Nous paraissions tous contents.

La population de cette bourgade s'élevait à plusieurs milliers d'individus, tous réunis dans cette vallée à cause du voisinage du lac, et surtout par la nécessité de se défendre contre les autres peuplades, en guerre continuelle les unes avec les autres.

Ces naturels, d'un noir très foncé, étaient grands, robustes, et montraient assez d'industrie en ce qui avait rapport à la pêche et à la culture de certains produits ; ils étaient à l'enfance de l'art pour ce qui concernait les autres industries. Ils travaillaient le peu de fer qu'ils pouvaient se procurer sur un rocher, se servant d'une pierre pour marteau. Leur soufflet était un roseau creux ; point de moulin pour écraser leur douro, mais deux pierres seulement. Ils travaillaient habilement leurs nattes, leurs paniers; j'en vis quelques-uns qui conservaient l'eau. On entrait dans leurs huttes en se pliant en deux; à peine étaient-elles éclairées en plein midi. La cuisine se faisait à la porte, ce qui occasionnait de fréquents incendies, car les huttes étaient recouvertes de roseaux que l'ardeur du soleil desséchait en quelques heures.

Ces peuplades sont toutes portées au vol; le fer excite leur convoitise plus que tous les autres objets, si l'on en excepte des babioles qui peuvent leur servir d'ornements. Le fer dont nous avions garni nos chariots réveilla si fortement en eux l'instinct du vol, que nous fûmes obligés, dès les premiers jours de notre halte, de doubler les sentinelles; ils parvinrent cependant à nous enlever deux fusils et plusieurs morceaux de fer... Ces pilleries devaient rompre la continuation de nos bonnes relations; on se hâta donc de presser le départ.

J'avais, autant que me l'avait permis la difficulté de s'entendre, pris les renseignements sur les pays que nous avions à traverser, sur les peuples qui les habitent. Ces gens n'avaient, je crus le comprendre, jamais entendu parler des Européens en Afrique; ils ne soupçonnaient même pas l'existence de la mer et des autres parties du monde. Il n'y avait chez eux aucune apparence de culte, quoique j'eusse remarqué des espèces de sorciers qui portaient dans des sacs, pendus à leur ceinture, de petits objets en pierre, en bois, en os, en métal et coquillages, et que je pris pour des amulettes. Les nègres avaient pour eux un respect craintif qui se manifestait par leur attitude en présence de ces sorciers ou médecins, car je crois qu'ils exerçaient ces deux jongleries.

La veille de notre départ ils nous donnèrent le spectacle d'une lutte. Deux nègres entraient dans le cercle qui s'était formé pour le spectacle ; armés de bâtons assez forts, ils se posaient sur leurs jarrets et en tendaient tous les muscles, puis, quittant cette attitude fatigante, ils tournaient alternativement l'un autour de l'autre, comme pour s'inspecter mutuellement le corps ; ensuite, se mettant à la portée du bâton, ils s'assaillaient avec une adresse, une vivacité vraiment remarquables. Celui qui désarmait son antagoniste était déclaré vainqueur.

Notre marin, que nous avons vu figurer dans le combat contre le lion, s'était assis un peu en avant du cercle des spectateurs, et regardait comme eux la lutte, fumant sa pipe et mâchant alternativement sa chique de tabac. Son sang-froid ordinaire contrastait étrangement avec les cris, les bonds, les éclats de joie des nègres. Probablement que cette indifférence piqua la vanité d'un nègre qui était sorti vainqueur de toutes les luttes... Celui-ci s'approcha du marin et lui présenta un bâton, l'invitant du geste à venir se mesurer avec lui... Notre marin rompit le bâton en deux et fit signe qu'il en voulait un plus fort. Il en rompit aussi un second, puis un troisième. On lui apporta, sur l'épaule d'un nègre, une forte et longue perche, comm par défi... Il la rompit par le petit bout, en l'appuyant sur son genou, puis alla lentement au milieu du cercle. Le provocateur ne se présenta point. Ce que voyant le marin, il jeta sa massue et prit des mains d'un des assistants un bâton de combat. Alors l'antagoniste provocateur sauta dans l'arène et se mit en devoir de s'escrimer... Dès la troisième parade le marin désarma le nègre, qui se retira tout confus au milieu de la foule.

Pour réparer cet échec, les noirs, dont la vanité de race était blessée, proposèrent une espèce de lutte où l'on ne faisait usage que des bras, en empoignant les épaules de l'autre lutteur; cet exercice exige une adresse consommée. Un grand et vigoureux nègre s'avança avec la suffisance de ces peuplades vaines et légères... Notre matelot se laissa empoigner les épaules d'un air presque benêt, ce qui fit pousser des éclats de rire à l'assemblée : puis, saisissant à son tour les épaules de son antagoniste, il les serra avec une si prodigieuse vigueur, que le malheureux nègre poussa un cri déchirant et se laissa tomber sur le sable. Le cercle se resserre, les nègres croient qu'il a employé un sortilége et se groupent menaçants autour de lui. Un d'eux, c'était un sorcier, chargé d'amulettes, s'avança assez près pour qu'il sentît son souffle... D'un coup de poing dans la poitrine, le marin, qui commençait à s'échauffer, l'envoya tomber à trois ou quatre pas avec tout son bagage d'amulettes... A cette vue l'assemblée s'enfuit en poussant des hurlements, rentra dans la bourgade, d'où s'élevèrent des cris confus.

Je crus prudent de me replier, avec ceux des nôtres qui avaient assisté à ce spectacle, vers notre camp.

La concorde était détruite, et nous devions nous attendre à une attaque, c'est du moins ce que je supposai. Il n'en fut point ainsi; mais je pus remarquer que les nègres quittèrent la bourgade en grand nombre et se répandirent dans les bois voisins. Nous étions alors occupés à visiter nos provisions de bouche que les insectes avaient déjà attaquées, et à tâcher de les mettre à l'abri de leurs atteintes.

Rassuré par le silence de la bourgade, je crus qu'ils s'étaient répandus dans les bois, poussés par des idées superstitieuses, ou peut-être pour expier le crime commis sur la personne de leur sorcier.

Avant le repas du soir, et pour nous préparer à une longue marche, j'avais envoyé nos gens par troupe alternative se baigner dans une anse où les caïmans ne s'approchaient point. La dernière troupe qui revint de l'anse me prévint qu'elle avait aperçu un grand nombre de nègres sortir des bois chargés de branchages qu'ils entassaient de distance en distance. Nos gens plaisantèrent à ce sujet, et se réjouirent d'assister à un sacrifice expiatoire africain, car nous supposions que tous ces préparatifs se faisaient pour expier le coup de poing donné au sorcier par notre marin Le souper fut égayé par ces plaisanteries; puis, selon notre habitude chaque soir, sauf les hommes de garde, la troupe se réunit autour de l'aumônier, se mit à genoux, tandis que celui-ci récitait la prière à haute voix. Ensuite la garde des premières heures alla reprendre son poste, et le reste de nos gens chercher le sommeil dans les hamacs. Le ciel, comme il l'est toujours dans ces contrées, sauf les jours d'orages et de tempêtes; le ciel était d'une pureté, d'une transparence remarquables. Une brise assez forte soufflait de terre et ridait la surface du lac, auquel notre camp était adossé. Soudain un pétillement d'abord lointain, puis se rapprochant de plus en plus, parvint aux oreilles des gardes, et de longs nuages d'une fumée puante et épaisse s'étendirent sur le camp, s'accrochèrent aux chariots, à la grande tente et nous dérobèrent la demi-obscurité de la nuit. Éveillé, presque suffoqué, je cours au centre du campement où nos troupeaux trépignaient, bondissaient et donnaient les signes de la terreur.

La vérité m'apparut alors : les nègres voulaient incendier le camp; on sonna la trompette, et quand tout notre monde fut réuni, je l'employai à atteler les chariots et à les diriger au fur et à mesure le long du lac, jetant en avant une troupe de tirailleurs. Le service était si bien organisé que nous étions hors de la portée de l'incendie avant qu'il eût atteint les palissades de roseaux qui le garnissaient du côté de la terre, et la fumée était si épaisse que les nègres ne découvrirent pas notre marche en avant, car, dès que le feu eut atteint la palissade, desséchée par un soleil ardent, et se fût étendu comme une ceinture de flammes autour de notre camp abandonné, les nègres qui, jusqu'alors, étaient restés silencieux, poussèrent des cris de triomphe à étourdir les oreilles.

Nous venions d'échapper à un véritable danger ; dans ces contrées, le bois exposé quelques heures à la chaleur du jour s'embrase facilement ; nos chariots auraient été dévorés, et nous-mêmes et nos troupeaux consumés par la flamme ou étouffés par la fumée, ou tués par les flèches des nègres.

Cette manière de nous attaquer me fit prévoir qu'ils ne l'oseraient jamais en face, et qu'ils se retireraient quand ils verraient que nous avions échappé à leurs piéges.

L'événement justifia mes prévisions ; le matin, à la vue de notre camp tranquillement assis sur le penchant d'une colline, ils furent saisis d'une telle épouvante, qu'ils abandonnèrent la bourgade avec précipitation.

Les nôtres voulurent aller l'incendier, j'étais très disposé à suivre cet entraînement ; mais l'aumônier nous arrêta en nous rappelant que nous étions des hommes civilisés et des chrétiens. Seulement nous nous emparâmes d'une trentaine de pirogues que nous fîmes suivre le radeau. Trois jours après, sans avoir été inquiétés, et voyant les petites peuplades qui se trouvaient sur notre chemin s'enfuir à notre approche, nous atteignîmes le cours d'eau qui se décharge dans le lac. Son étendue était considérable, parce qu'il faisait à son embouchure comme un prolongement de cette belle nappe d'eau. Il fallut encore le remonter deux jours, car les passages deviennent de plus en plus abruptes, le sol allant toujours en montant.

Enfin nous pûmes effectuer heureusement le passage, et ne perdîmes que deux brebis qui sautèrent par-dessus le bord du radeau, au milieu du courant, lorsque tous les hommes étaient occupés à lui résister.

Des éclaireurs partirent aussitôt pour découvrir le pays; les nouvelles qu'ils nous rapportèrent n'étaient pas rassurantes : au midi, des pays arides sans herbages; à l'est, une chaîne de montagnes qui s'étendait le long du bassin du lac et formait le prolongement de celle qui courait du midi à l'ouest; nous nous avancions vers un col praticable.

Il fallut songer aux provisions d'eau pour nous et pour notre troupeau.

Les peaux des animaux tués pour notre consommation furent tranformées en outres, et chaque bœuf et vache non employé aux chariots, fut chargé de deux. De petites charges furent aussi assujéties sur le dos de nos moutons; enfin chaque homme portait en bandoulière plusieurs roseaux creux et pleins d'eau. Je calculai que cette provision et celle que nous avions dans les tonneaux pourraient suffire à la nécessité de trois jours.

Il fallut jeter une partie de nos provisions salées ; elles avaient contracté un goût et une odeur si repoussants, que ce sacrifice devint nécessaire. Mais, auparavant, je les fis dessaler, et laissai cette eau exposée au soleil ; nous recueillîmes ainsi une bonne quantité de beau sel. De petits insectes perçaient nos tonneaux de biscuit, il fallut aussi faire un choix et nettoyer ces tonneaux, les exposer à la fumée de plantes aromatiques.

Heureusement que la contrée nous offrait des ressources en toute nature . les bois pullulaient d'oiseaux, de springs-bocks, et d'autres animaux ; le lac était poissonneux, et nos gens avaient inventé des engins plus industrieux les uns que les autres, qui entretenaient l'abondance dans le camp. Enfin la fraîcheur du lac entretenait sur les bords d'abondants pâturages ; nous en coupâmes pour les jours de détresse et le mîmes sur les chariots et sur les outres que portait le bétail. Ainsi préparés à la route, nous atteignîmes, non sans de grandes fatigues, le col de la montagne, et le franchîmes heureusement.

Du point le plus élevé que je pus atteindre, mes regards se promenèrent sur la contrée la plus désolée, la plus aride, la plus désolante que j'eusse encore vue. Point d'arbres, point d'arbrisseaux, pas un brin, pas une mousse ; la nudité, la nudité dans toute son horreur, parsemée de rochers saillants, de trous, d'espèces de défilés entre des rocs, et cela s'étendant à perte de vue. J'éprouvai un douloureux serrement de cœur, et je balançai à me jeter, avec nos gens et nos troupeaux, dans cette épouvantable solitude embrasée de tous les feux des tropiques.

Nous dépouillâmes les arbres voisins de leurs rameaux, que nous tressâmes autour des flancs, du cou, des reins de nos bestiaux. Nous nous en couvrîmes nous-mêmes en route avant l'apparition du soleil. Bientôt la chaleur devint si insupportable, qu'elle nous ôtait la respiration ; les bœufs ne pouvaient plus avancer ; les moutons et les autres troupeaux marchaient la langue pendante, les jambes affaiblies. La halte fut nécessaire ; la grande tente dressée servait d'abri, mais quel abri?... une fournaise ! A nos troupeaux haletants nous jetâmes du fourrage ; mais la faim ne se faisait pointsentir.

Je savais par expérience que les premiers jours de marche dans les solitudes sont les plus pénibles ; que nos organes s'habituent peu à peu à cette température brûlante et se modifient, par une prévoyance admirable de la nature, dans les milieux qui les enveloppent et les pénètrent. J'espérai donc moins d'accablement pour les jours suivants.

Mais je pris le parti de ne marcher que la nuit et de suivre, autant que possible, les contrées les plus élevées, où la brise est plus rafraîchissante et les réflexions du sol moins étouffantes. L'eau contenue dans nos roseaux avait été à moitié absorbée par l'air sec et brûlant; les feuilles des rameaux se réduisaient en poudre sous le froissement des doigts; le bois nous servit à entretenir des feux quand nous faisions la nuit une courte halte, car les lions reparurent et rôdèrent en rugissant autour de nous. Des décharges à poudre seulement devinrent nécessaires pour les écarter.

Nous voyageâmes ainsi durant trois nuits et trois jours, laissant sur nos traces bon nombre de bœufs, de vaches et de moutons qui succombèrent à la chaleur. Les bêtes féroces, alléchées par ces festins, nous suivaient comme dans le nord de l'Europe les loups suivaient autrefois les grandes armées.

L'eau, le fourrage nous manquaient; nos corps étaient affaissés, et tellement amaigris par les transpirations, que nous ne nous reconnaissions plus. Nos marches ne pouvaient plus se prolonger au-delà d'une ou deux heures; il fallut décharger les chariots d'une partie de leurs bagages et abandonner le moins nécessaire. Je l'avoue, je crus que nous péririons tous dans cette solitude aride et embrasée; notre aumônier, plus amaigri que nous, ne cessait cependant de relever notre courage, de nous exhorter à mettre notre confiance en Dieu et de faire briller l'espérance à nos yeux, quand il n'en avait plus lui-même...

Dès qu'un bœuf ou un mouton ne pouvait plus suivre sa marche, nous le mettions à mort et buvions son sang pour nous désaltérer, mais aussitôt la soif devenait plus ardente; ce moment durait peu; le corps reprenait de la vigueur, et le courage se relevait. Cette expérience me fit comprendre la cause de la vigueur des bêtes féroces. Pour comble d'accablement, nous perdîmes onze des nôtres; ils furent enfouis, après avoir reçu les prières de la religion, sous des tas de pierres, afin de ne pas laisser leurs corps à la voracité des bêtes carnassières.

Le cinquième jour, nous aperçûmes de vastes amas de nues à l'horizon : leur immobilité me porta à croire que c'étaient des montagnes; je pris ma lunette et découvris des chaînes immenses dont les pics les plus élevés étaient couverts de neige... Le pied de ces montagnes, dis-je à mes compagnons épuisés, doit avoir des cours d'eau, de la végétation et une température supportable. Encore quelques jours de marche et nous sommes sauvés. Ranimés par cette espérance, nous fîmes une marche beaucoup plus longue; le sol s'inclinait et offrait moins d'obstacles.

On distinguait les neiges à l'œil nu, et que n'aurions-nous pas donné pour nous en abreuver?

Un lion nous enleva ce jour-là deux moutons, estropia un bœuf que nous abattîmes; nous mangeâmes sa chair cuite au soleil, n'ayant plus de bois pour alimenter le feu.

La nuit suivante, un orage épouvantable éclata sur nous, les nues s'abaissèrent et nous inondèrent complètement; jamais tant d'éclairs n'ont ébloui mes yeux; jamais des tonnerres plus bruyants n'ont assourdi mes oreilles. Les chariots furent renversés, les troupeaux dispersés, et nous n'échappâmes au même sort qu'en nous étendant sur le sol trempé d'eau. Il dura presque un jour entier. Quand le calme fut un peu rétabli, nous nous trouvâmes longtemps après comme hébêtés; la tête était en tumulte, maïs le corps avait repris de la vigueur. Nous pûmes marcher le jour suivant et sécher nos vêtements; presque tous nos troupeaux se retrouvèrent ranimés, comme nous, par ce bain d'eau d'orage imprégné d'électricité.

Pour comble de bonheur, un peu de verdure reparut avec les arbrisseaux et les arbres. Nous trouvâmes quelques fruits et de l'eau çà et là dans la cavité des rochers.

Le courage nous revint; nous crûmes tous les dangers passés, parce que nous retrouvions de l'ombrage, de la verdure et de l'eau. Nous fîmes une halte de deux jours pour inspecter nos bagages.

Notre immense troupeau se trouvait réduit de moitié, il fallait lui donner le temps de se refaire; nous en avions autant besoin que lui, quoique nous n'eussions pas manqué de nourriture.

La maladie se mit dans le camp; c'était une diarrhée qui affaiblissait tellement les forces, qu'il fallut prolonger notre halte de plusieurs jours.

Durant ce repos si nécessaire aux hommes et aux bêtes, les plus valides d'entre nous s'avancèrent dans le pays pour le reconnaître et découvrir une route praticable pour nos chariots ; ils poussaient leurs recherches vers le midi.

Ils découvrirent des contrées bien boisées, des vallées couvertes d'herbages, et de l'eau en abondance ; mais, ce qui tempéra la joie que nous causaient ces bonnes nouvelles, fut la découverte qu'ils avaient faite de populations nombreuses qui paraissaient aguerries ; car ils avaient assisté, d'une grande distance, il est vrai, à un combat livré entre deux partis ; combat qui avait été acharné, et duquel les deux partis s'étaient retirés sans désordre apparent. Ils avaient, en outre, trouvé des traces nombreuses de bêtes féroces, aperçu un rhinocéros et d'autres animaux carnassiers qu'ils avaient jugé être des chacals. Les peuplades découvertes avaient des troupeaux nombreux, des huttes plus grandes que celles des nègres du haut du lac ; enfin ils avaient vu une grande rivière qu'ils supposaient être celle qui sortait du lac.

Nous allions donc avoir à lutter contre de nouveaux obstacles ; on ne pouvait pas prévoir la réception que nous feraient ces barbares ; tout portait à croire qu'il faudrait se frayer un passage les armes à la main. Le passage dans le désert nous avait affaiblis ; nos bœufs de trait devaient repren-

3.

dre leurs forces, les harnais ne pouvaient plus servir. Il fallut donc songer à tout cela, et prolonger notre séjour dans la contrée où nous nous étions arrêtés. Je choisis un emplacement plus avantageux et plaçai le camp sur la pente d'une colline bien boisée, où se trouvait un cours d'eau suffisant pour nous abreuver.

Les chariots furent placés, aussi régulièrement que possible, entre les arbres, et le camp fut entouré d'une forte palissade de pieux et de terre. Deux entrées furent ménagées, l'une s'ouvrait sur la prairie pour donner passage aux troupeaux, que vingt-cinq des nôtres gardaient durant le jour et faisaient rentrer le soir dans le camp, dont nous avions débarrassé d'arbres un espace suffisant pour qu'ils y fussent à l'aise.

Les hamacs, suspendus aux rameaux des arbres, et recouverts de branches entrelacées, offraient des retraites aussi fraîches que saines, mais où des insectes ailés, altérés de sang, leur faisaient une guerre incessante.

Je veillai à la nourriture journalière, et, comme nos chasseurs nous fournisssaient du gibier en abondance, elle put être fortifiante, délicate même. Il nous restait quelques tonneaux de vin, je les distribuai entre nos gens en leur recommandant d'en faire un usage modéré et d'en réserver un peu pour les occasions imprévues; deux tonneaux restèrent intacts sur les chariots qui portaient les provisions. Cinq barils d'eau-de-vie n'étaient point entamés, je les réservai précieusement, sachant par expérience que cette liqueur est du goût des Africains, et pourrait me servir pour gagner leur amitié.

En agissant ainsi, j'allégeais le poids de nos bagages et rendais notre marche plus facile. Un autre projet me travaillait l'esprit : je voulais, en changeant la forme de nos chariots, en faire de petits forts où nos gens seraient à l'abri et pourraient tirer sur les ennemis ; ce qui nous donnerait un avantage qu'il n'était point à négliger de prendre. J'exécutai ce projet en faisant tresser des branches souples, très serrées les unes contre les autres et formant une claie légère de la longueur du chariot; chaque chariot en était garni à la hauteur de six pieds. Des ouvertures étaient ménagées pour passer les fusils, et une de chaque côté pour s'introduire dans le chariot, sur lequel nous étendîmes tout ce qui nous restait de toile à voile. Des écorces formaient le toit en pente; ce qui donnait à nos chariots l'aspect des petites maisons d'Europe. Comme ils étaient très élevés sur leurs roues, des claies formaient aussi le dessous et se repliaient durant la marche pour être suspendues sous le chariot même; plus tard, ainsi que je le dirai, elles nous furent utiles pour nos provisions de fourrages.

Toutes les armes furent nettoyées et mises en bon état. Jugeant qu'un peloton de lanciers pourrait nous être utile, je fis confectionner des pointes de fer en lances et emmancher au bout de bâtons de dix pieds de longueur; les plus vigoureux reçurent ce surcroît d'armes offensives. Les gibernes des soldats de marine étaient embarrassantes, on y substitua des cartouchières qui couvraient une partie de la poitrine et de l'abdomen, et se fixaient au moyen de courroies attachées sur le côté gauche. Ces gibernes, composées de petites planches recouvertes de cuir, pouvaient contenir quarante cartouches et d'autres petits objets utiles.

Comme nous nous occupions tous de notre vêtement militaire, chacun proposait sa modification, et souvent elle nous servait à corriger la première façon. Un marin inventa une espèce de casque pour préserver de la flèche et des armes de ces sauvages, et bientôt chacun s'empressa de s'en confectionner un.

Toute la troupe s'était changée en ouvriers actifs, intelligents, et s'éclairant les uns les autres. Cette concorde, cette union si nécessaires étaient dues au danger commun, mais surtout aux conseils de notre aumônier, qui sut arrêter à temps les petites querelles qui s'élevaient quelquefois entre nous. Les soldats et les matelots avaient conservé leurs capotes, très utiles pour la nuit. Il fut résolu qu'en cas d'attaque ils les porteraient en-sautoir, à la manière des soldats en voyage. La vie de nos gens était trop précieuse pour ne pas prendre toutes les précautions nécessaires à sa conservation.

Neuf jours s'étaient employés à ces travaux; nos forces s'étaient rétablies, nos bœufs avaient repris de l'embonpoint, nous nous mîmes donc en route dans les meilleures dispositions du monde.

Dès le soir du second jour, notre marche fut découverte par un parti de noirs qui allaient peut-être surprendre une autre peuplade; ils s'approchèrent de nous à une portée de fusil et s'arrêtèrent pour nous examiner. J'envoyai un homme avec un rameau à la main jusqu'au milieu de la distance qui nous séparait; là il planta son rameau à terre et fit des signes pour attirer à lui les noirs... Ils ne voulurent ou n'osèrent s'y aventurer; notre homme revint.

Notre hercule, surnommé *Sans-Peur*, proposa d'aller jusqu'aux nègres et de lier connaissance avec eux; la vie de cet homme nous était si précieuse dans les passages difficiles, et dans toutes les circonstances où il s'agissait de l'emploi de la force il nous donnait un si vigoureux coup de main, que je refusai d'abord de le lui permettre.

— Ne craignez rien pour moi, me dit-il; je vais me couvrir d'autant de capotes que je pourrai, sans nuire à mes mouvements, et, avec ces deux joujoux (il montrait son fusil et son fléau), j'aurai le temps de les tenir en respect jusqu'à ce que vous m'envoyiez du secours. Leurs armes ne pénètreraient pas deux capotes; laissez-moi faire, je serai sage et patient.

Je me rendis, et lui donnai quelques bagatelles pour en faire des présents, et une gourde pleine d'eau-de-vie. Nous le suivîmes des yeux ; il est impossible de se faire une idée de l'aspect de cet homme couvert de trois grosses capotes de soldat, d'un haut casque velu, et d'un fusil avec baïonnette qu'il portait sur l'épaule. Avec ma lunette j'observai les nègres... ils ne bougèrent pas tandis qu'il parcourut l'espace entre le camp et le rameau qui était enfoncé dans la terre ; mais, dès qu'il l'eut dépassé, ils s'agitèrent et donnèrent quelques marques d'inquiétude... Notre homme avançait toujours, d'un pas aussi assuré que celui du laboureur qui rentre des champs au logis. Les nègres se mirent à gesticuler avec vivacité, à se parler entre eux, puis enfin à faire quelques pas en avant...

Bientôt notre homme disparut au milieu d'eux ; malgré moi j'éprouvai de l'inquiétude et fis sortir cinquante hommes du camp, prêts à voler au secours du téméraire marin. Je voyais le groupe en mouvement, et seulement la baïonnette de notre homme.

Tout cela me paraissait assez pacifique.

Un instant après je vis un mouvement dans le groupe qui l'entourait ; la baïonnette restait toujours en l'air, cela me rassura. Enfin une clameur arriva jusqu'à nos oreilles, et le groupe de nègres commença à tourbillonner autour du marin. Je le découvris une fois tout entier : il se tenait immobile, l'arme au bras, absolument comme un soldat qui regarde manœuvrer ses camarades.

Je voyais bien qu'il ne se trouvait pas en danger; mais que signifiait cette danse désordonnée?

Cela dura au moins dix minutes, et je crus avoir l'explication de ces mouvements en voyant notre marin renverser sa gourde comme pour leur faire voir qu'elle était vide... il voulut sans doute revenir vers nous, mais le groupe se referma devant lui, car je ne le vis plus. Alors la scène prit un caractère plus sérieux : le groupe se reporta en arrière comme l'ondulation qui s'étend devant une chaloupe; puis les hommes tombèrent, puis notre marin s'ouvrit un passage, écarta avec sa baïonnette ceux qui le cernaient, déploya le redoutable fléau et lui fit décrire plusieurs cercles rapides qui tinrent les assaillants à distance. Nos cinquante hommes s'élancèrent dans la plaine, la parcoururent en bon ordre et furent rejoints un peu au-delà du rameau par notre marin. Les nègres s'étaient reculés, et, du haut d'une éminence, regardaient le marin et ses camarades accourus à son secours.

— Lorsque je les ai abordés, nous dit le marin, ils se sont tous jetés autour de moi comme des enfants qui entourent un charlatan; ils voulaient me toucher des pieds à la tête. J'ai donné une poignée de main à l'un d'eux, il a fait un saut en arrière comme un chat qui se brûle la patte; un second a poussé un cri et s'est frotté la main sur sa cuisse nue...... Ces deux poignées de main ont rendu les autres plus discrets, et j'ai pu alors les haranguer.

Je leur ai dit que nous voulions passer par leur pays comme d'honnêtes voyageurs qui ne font de tort à personne, et que nous leur apprendrions des choses fort utiles, comme, par exemple, de faire un soufflet, qui ne les époumonnerait point; ils m'écoutaient en ouvrant leur large bouche et leurs grosses lèvres. J'ai pu remarquer que ces gens-là ont des dents superbes, qui ne sont pas noircies par la chique. Voyant qu'ils ne me répondaient point parce qu'ils sont trop sauvages pour comprendre le français, je leur ai fait goûter le rogome, que tous les gosiers, depuis le Kamchatka jusqu'aux antipodes, apprécieraient. Il a passé de main en main, de grosses lèvres en grosses lèvres, et c'est alors qu'ils ont commencé à cabrioler, puis à danser en rond autour de moi...

Si j'avais eu d'autre rogome, je les aurais tous rendus fous; mais ils avaient léché jusqu'à la dernière goutte... Alors je crois qu'ils m'en ont demandé d'autre; je leur ai fait voir, jusqu'à la dernière évidence, que je n'en avais plus; et j'ai voulu revenir; mais il paraît que ce n'était pas là leur idée à eux... Ils avaient fermé le passage, je l'ai ouvert à coups de poing; puis je leur ai fait voir la pointe de ma baïonnette, puis, quand j'ai eu de l'espace, ma ceinture s'est détachée, et mon fléau a commencé ses exercices. Voilà tout ce qui s'est passé dans notre entrevue; le commandant peut me rendre justice, j'ai été sage et prudent, je ne crois pas avoir abattu plus de trois nègres.

Cette affaire n'était pas positivement un commencement d'hostilité; mais, avec des sauvages, il était impossible de prévoir comment ils prendraient les choses. Nous redoublâmes de vigilance et envoyâmes des éclaireurs observer les mouvements des naturels. Apprenant qu'ils s'étaient retirés, nous fixâmes le départ à la nuit suivante, espérant que tous nos préparatifs seraient achevés.

L'avant-garde marchait à environ une demi-lieue du gros de la troupe, lorsque, vers quatre heures du matin, elle découvrit une troupe nombreuse de nègres, marchant avec plus d'ordre que n'en observent ces peuplades sauvages. Ainsi qu'il avait été convenu, en cas de rencontre de troupe armée, l'avant-garde se replia lentement vers les chariots, et nous cherchâmes un lieu propice au campement. Nous étions prêts à recevoir l'ennemi lorsqu'il apparut sur la route qu'avait suivie notre avant-garde.

Pas un seul de nos hommes placés dans les chariots et couverts par les claies n'était visible. Etonnés de cette solitude apparente et de la disposition de notre camp, les nègres s'arrêtèrent à portée de fusil, ne soupçonnant pas que nous pouvions leur envoyer la mort là où ils se croyaient en sûreté. Plus d'une demi-heure s'écoula sans qu'ils fissent autre chose que de courir d'une troupe à l'autre, car ils étaient divisés en deux troupes. Enfin ils parurent avoir pris un parti et s'avancèrent en assez bon ordre vers le camp. Ils en étaient à une vingtaine de pas, lorsque je fis élever un immense rameau, signe de paix chez tous les peuples. Ils le saluèrent par de grands cris, suivis d'une nuée de flèches qui restèrent dans les claies sans les transpercer. Je fis de nouveau agiter le rameau; cette seconde invitation pacifique les enhardit tellement, qu'ils abandonnèrent leurs rangs et se ruèrent sur le camp. Alors nos deux trompettes répondirent à leurs clameurs, et une décharge générale les arrêta terrifiés. Le sol était couvert de leurs blessés ou de leurs morts. A la vue de ce carnage répandu autour d'eux et venant d'ennemis invisibles, ils restèrent un instant dans la stupeur; une seconde décharge les mit en fuite, et nous pûmes sans risques descendre sur le champ de bataille. Nous y trouvâmes quarante-neuf morts ou blessés; nos éclaireurs en découvrirent quinze autres qui avaient pu se traîner dans les bois.

Je vis, à leur frayeur, qu'ils s'attendaient à être massacrés, et ce fut à grand'peine que nous les rassurâmes un peu. Comme je l'avais fait à l'origine du lac, je choisis les moins blessés, les fis aider à s'éloigner de notre camp et conduire, aussi loin que la prudence le permettait, sur le chemin de leur bourgade. Une grande fosse reçut les morts; l'aumônier voulut y réciter des prières, avant que la fosse fût comblée de terre.

Notre marche en avant fut reprise ; et, comme le terrain était favorable, la traite fut longue.

Ce qui nous fit craindre que l'ennemi n'eût pas abandonné le projet de nous attaquer, c'est que nos tirailleurs, dispersés sur les flancs de la troupe, en découvrirent plusieurs qui nous suivaient en s'abritant dans les forêts.

Nous campâmes sur les bords d'un joli ruisseau, ayant une plaine en face et des massifs d'arbres disséminés sur les côtés. La facilité avec laquelle nous avions dispersé les assaillants nous entretenait dans la persuasion que les grands obstacles ne nous viendraient pas des hommes, mais des déserts et des privations.

Nous nous avancions dans une belle plaine où s'élevaient çà et là des fourrés très épais, lorsque nous vîmes un lion, puis un autre, sortir d'un fourré et prendre la direction des grands bois ; puis un énorme rhinocéros, courbant tout sur son passage, s'élança à leur poursuite. Il s'arrêta à la vue de notre premier chariot, frappa le sol du pied, haussa, abaissa la tête, puis, poussant un beuglement sauvage, il accourut sur le chariot. Une décharge des gardes ne l'arrêta pas, mais, changeant de direction, il fondit sur eux. Ils se réfugièrent derrière les chariots; la bête furieuse en renversa un et s'empêtra les pieds dans les roues en l'air. Un des nôtres, ce fut le timonier, homme robuste, lui enfonça dans le dessous du ventre une longue lance, puis lui fit plusieurs blessures avec sa baïonnette, car la lance s'était brisée dans la blessure. Le monstre s'agita si violemment, qu'il brisa les roues et le chariot; mais le sang coulait si abondamment, que les gardes osèrent l'attaquer de nouveau... Il paraît que cet animal a la vue de peu de portée, car il se jetait à droite, à gauche, en avant, à chaque détonation qui retentissait autour de lui, se consumant ainsi en efforts inutiles, et activant la perte de son sang. Bientôt la lenteur de ses mouvements nous fit voir qu'il était épuisé, et, pour épargner nos balles et notre poudre, nous cessâmes de tirer sur lui.

Il s'affaissa et fit réellement retentir le sol de sa chute. Nous le laissâmes expirer et relevâmes les débris de notre pauvre chariot; deux bœufs avaient été estropiés, nous les achevâmes pour l'approvisionnement; trois tonneaux de biscuit et de salaison fraîche enfoncés, enfin tout dans un piteux état. Nous passâmes le reste de la journée à rétablir les dégâts.

Presque aucune de nos balles n'avait entamé la peau du dos, des côtés, du ventre et de la tête; la blessure de la lance se trouva seule mortelle. Nous eûmes beaucoup de peine à enlever la peau, que nous étendîmes sur le chariot le moins chargé, ce qui faillit nous occasionner un nouveau malheur, car nos bœufs commencèrent à s'agiter, puis emportèrent le chariot dans la plaine, et ne s'arrêtèrent que dans un fourré.

Cette peau fut coupée en lanières et servit, plus

tard, à nous faire des traits et des fouets pour les conducteurs. Un de nos travailleurs me fit une cuirasse de la peau de la tête, et me sauva ainsi la vie, comme je le dirai dans la suite de ce récit. Plusieurs des nôtres eurent la curiosité de goûter à la chair du rhinocéros et prétendirent qu'elle était passable, cependant ils n'en firent pas un second repas; elle fut laissée, pâture abondante, à la voracité des lions du désert.

Notre avant-garde nous avertit que le pays devenait de plus en plus raboteux, et couvert de flaques d'eaux croupies, d'où s'exhalaient des vapeurs infectes.

Comme je craignais l'influence de ces marécages sur la santé de la troupe, je fis chercher une autre route, et nous fîmes halte en attendant les résultats de ces recherches. Inquiet du retard des explorateurs, et en proie à de tristes pressentiments, je sortis du camp, où le piétinement du troupeau me fatiguait, et, bien armé, je descendis dans la vallée, que les rayons du croissant, la réflexion de la lumière des étoiles éclairaient; l'approche des bêtes féroces ne m'effrayait point; le bruit de notre fusillade, les battues de nos chasseurs, et les nègres que je savais répandus autour du camp, mais à une grande distance, avaient dû les éloigner de la contrée. Assis sur une petite élévation de terre, le dos appuyé contre un arbre, je portai les yeux vers le ciel; en aucune contrée, même aux Indes, je ne l'avais vu plus resplendissant de constellations et d'étoiles. Le fond avait une teinte de bronze presque rouge ; au-dessous, comme placées par couches, les parties prenaient, en se rapprochant de la région des nuages, une couleur d'un bleu si transparent, si doux, que les yeux en étaient charmés ; puis, en se rapprochant de la terre, cette couleur se fondait dans une nuance plus prononcée qui finissait par une teinte d'un blanc sombre. Mes yeux éblouis, en se rapprochant de la terre, la virent comme enveloppée d'un crêpe funèbre ; mes pensées avaient subi toutes ces gradations de couleur et de lumière, et je me trouvai dans une disposition d'esprit singulière, comme livré à d'étranges hallucinations ; cette masse noire, sur laquelle l'homme et les êtres d'une vie active se meuvent, se traînent, est mon séjour, et cependant ma pensée s'est élevée vers Dieu, d'un élan, sans espace de temps, à travers ces mondes qui nagent dans l'éther, à travers les océans silencieux de l'infini, et, d'une chute insensible, est descendue sur cette terre d'un aspect si lugubre au milieu de ces splendides populations des cieux. L'homme ne connaît point l'étendue de sa puissance intellectuelle ; il oublie pour la terre les cieux, où il peut vivre par la pensée, jouir par les regards, et apprendre à connaître Dieu.

J'entendis un bruit léger derrière moi ; j'étais si absorbé par mes pensées, que je n'eus aucun sentiment de crainte, quoique je susse par expérience que les déserts sont remplis d'embûches et de dangers. Je me retournai lentement et reconnus notre aumônier. — Je vous ai vu vous éloigner du camp, me dit-il, et j'ai craint pour vous ; plusieurs hommes sont échelonnés sur la route à la portée de la voix.

— Je ne puis craindre le danger dans les dispositions d'esprit où vous me trouvez, lui répondis-je ; asseyez-vous, j'ai besoin de vous les communiquer.

Cet excellent homme partagea peu à peu les douces émotions qui me pénétraient, et me dit à son tour : — J'ai souvent eu de pareilles pensées, et je voudrais me fixer dans ces contrées sauvages, au milieu de ces pauvres ignorants, pour les éclairer de la véritable lumière et les appeler à la vraie intelligence de la vie. — Vous établir dans ces contrées, lui dis-je avec surprise ; mais vous ne connaissez point le langage des hommes qui les parcourent, vous ne sauriez vous plier à leurs mœurs.

— La langue doit être peu étendue et facile à comprendre ; le langage est inventé pour la communication des idées, et ces sauvages en ont peu, si vous les comparez aux hommes de la civilisation. Leurs mœurs, je les adopterais ; n'étais-je pas envoyé aux missions des Indes ? La Providence m'a jeté sur cette terre, je ne puis oublier que j'ai été envoyé pour prêcher l'Évangile aux ignorants ; n'accomplirais-je pas mon apostolat en restant parmi ces pauvres sauvages ? Qui sait ce que pourrait produire un seul grain de la bonne semence? si un jour une population chrétienne ne s'élèverait pas au milieu de ces solitudes qu'elle animerait, cultiverait et appellerait à une civilisation moins caduque que celle de l'ancien monde?

— Je ne puis partager vos espérances, lui objectai-je; la race noire est trop légèrement partagée du côté de l'intelligence; elle a été jetée sur la terre pour être libre dans une condition voisine de la nature ou pour être esclave de la race blanche, mieux organisée qu'elle.

— Je n'entreprendrai point une pareille discussion avec vous, me répondit-il; il me suffit qu'ils soient, comme moi, les créatures de Dieu, et que notre divin Maître ait dit : « Allez et enseignez toutes les nations. » Mon orgueil d'homme civilisé se courba devant une humilité si touchante, je me tus... Il reprit un instant après : Croyez-vous que les sciences, les arts, les lumières dont s'enorgueillissent les nations civilisées, contribuent au bonheur des hommes? Les sociétés européennes ont cent fois plus de souffrances que ces habitants du désert. Comme eux, elles se font une guerre acharnée, et, au jour de leurs grandes batailles, laissent plus de créatures de Dieu dépouillées de la vie, qu'elles tenaient de Dieu seul, et que Dieu seul a le droit de leur reprendre, qu'il ne périt d'hommes en un an dans toute l'étendue de l'Afrique encore barbare.

Ne serait-il pas possible de fixer ces peuplades

par les arts les plus nécessaires à la vie, de leur inspirer les sentiments de la charité et de diminuer les haines qui les désunissent? Que faut-il à l'homme, de plus que la nourriture de chaque jour, le vêtement et le couvert?... La plus grande partie des mauvaises passions ont leur source dans une alimentation qui surexcite les organes et surtout le cerveau, et porte l'esprit au-delà des limites de la saine raison. Il allait me développer sa théorie, quand nous entendîmes le bruit d'une marche d'hommes... C'étaient nos éclaireurs qui rentraient au camp.

Pour descendre vers le midi en traversant des contrées saines, il fallait remonter durant un jour entier vers le nord, longer la chaîne de montagnes qui s'étendait le long de la rivière sortie du lac, et côtoyer cette rivière, dont le cours allait vers le midi; mais les rives étaient couvertes de nombreuses peuplades riches en troupeaux et assez avancées en agriculture, si l'on a pu en juger par les champs cultivés qu'ils avaient découverts du haut des montagnes. Là où l'homme cultive la terre, il est sédentaire et plus pacifique que dans l'état nomade. Telle fut ma pensée; je résolus de diriger notre marche vers ces peuplades.

La marche, les privations, la nourriture, et surtout le climat, avaient modifié notre nature au point que nous nous sentions en état de supporter les plus grandes fatigues; l'ordre, la discipline qui régnaient parmi nous, et surtout la supériorité que nous donnaient nos armes, pouvaient nous rassurer du côté de toute attaque venant des habitants des contrées que nous avions à parcourir pour atteindre le cap de Bonne-Espérance. Une chose était plus nécessaire, c'était une surveillance de chaque instant qui nous préservât de toute surprise. Comme les nègres avaient déjà eu recours à l'incendie, je craignais pour nos quatre barils de poudre : elle était notre moyen de salut; elle fut distribuée en vingt-cinq parties, soigneusement enveloppée de peaux et renfermée dans des caisses, ensuite distribuée sur tous les chariots. Beaucoup d'autres précautions furent prises, et nous pûmes enfin nous mettre en route. A chaque instant un obstacle arrêtait le premier chariot; tous les hommes disponibles le détruisaient, soit en abattant des arbres pour ouvrir le passage, soit pour les jeter sur des cavités où seraient restés nos chariots, soit enfin pour briser les pointes de rochers qui perçaient le sol. Nous avions du courage, des forces et de l'union, et nous avancions, lentement il est vrai, mais nous avancions. Vers le milieu de la nuit, nous atteignîmes un point élevé presque dégarni d'arbres; le camp, avec ses claies, ses pieux, et l'ordre que nous y établîmes, fut fixé en ce lieu pour le jour suivant, car nous étions accablés de fatigue.

A l'apparition du soleil, un spectacle inattendu s'offrit à nos yeux : la rivière s'élargissait dans une plaine immense, son cours lent était renfermé dans des rives basses et couvertes de forêts de roseaux et d'autres plantes qui atteignaient une assez grande élévation ; à droite et à gauche, sur les deux rives, on voyait des huttes entourées d'enclos qui nous parurent comme de petites nappes de verdure. Plus loin, un amas de huttes couvrait une grande étendue de terrain. Nous venions de découvrir une ville africaine.

La population nous parut très nombreuse et adonnée au commerce, car nous vîmes de longues files de bœufs cheminer vers l'intérieur des terres, chargés de fardeaux. Comment ces peuplades allaient-elles nous recevoir ? En cas d'hostilité, comment passer malgré cette multitude d'hommes, qui appellerait à son aide les peuplades environnantes ? Notre missionnaire se proposa encore pour leur porter des paroles de paix, et, malgré mon opposition, convainquit nos gens que ce rôle lui convenait plus qu'à qui que ce fût. Obligé de me rendre, ce fut avec regret que je le vis descendre la montagne. Il fut bientôt arrêté, entouré et conduit dans une case autour de laquelle la foule se réunit. Ce qui augmenta mes inquiétudes, ce fut la nouvelle que nous apportèrent les éclaireurs : nous avions été suivis par une troupe nombreuse dans tout le trajet de notre dernier camp à celui que nous occupions.

Tous ces Indiens ne me présageaient rien de pacifique.

Notre aumônier fut amené de la case, au milieu

d'un concours qui s'augmentait sans cesse, vers la ville, où je ne pus plus le retrouver, malgré la lunette d'approche ; seulement la foule pénétra dans la ville, dont les ruelles fourmillaient de noirs. Enhardie par ce voisinage, la troupe qui nous suivait à l'abri des forêts alla s'établir sur un mamelon, derrière notre camp, nous mettant ainsi entre elle et la ville... Mais elle ne chercha point à commencer les hostilités. La chaleur était dévorante ; nos gens, après avoir établi des sentinelles, se jetèrent dans leurs hamacs, et prirent le repos dont ils avaient si grand besoin. Du haut de la petite tente que j'avais fait élever sur un chariot, et qui dominait le camp, j'observais ce qui se passait dans la ville, sans pourtant négliger d'avoir l'œil ouvert sur les nègres qui s'étaient postés sur le mamelon derrière le camp. Je vis plusieurs canots partir du rivage et traverser la rivière à force de rames, et des nègres se rendre par terre aux points habités les plus éloignés. Tous ces mouvements ne se faisaient pas en vue de la paix... En considérant notre petit nombre et la multitude renfermée dans la ville, celle qui était dispersée dans les campagnes, et les troupes postées derrière nous, j'eus, je l'avoue, un instant d'affaissement ; mais je me relevai aussitôt et cherchai les moyens de prévenir les hostilités, mais surtout de les repousser si elles avaient lieu de la part des habitants.

La journée était déjà fort avancée ; mes yeux se

trouvaient fatigués de regarder, lorsque, prenant pour la dernière fois ma lunette, je la dirigeai sur la ville : j'en vis sortir une foule nombreuse de laquelle trois nègres se détachèrent et se dirigèrent vers la montagne dont nous occupions le sommet. Ils marchaient à la suite l'un de l'autre ; le premier portait un grand roseau au bout duquel flottait une espèce de drapeau bariolé. Arrivés à quelque distance du camp, ils s'arrêtèrent, imitèrent ce que notre marin avait fait avec son rameau, et quand le roseau fut enfoncé en terre, celui qui le portait s'avança de quelques pas ; les deux autres restèrent auprès du roseau.

Je pris deux hommes vigoureux, notre marin en fut un, et sans que leurs armes fussent apparentes, les nègres ne me paraissant point armés, je leur fis cacher un coutelas sous leurs habits et prendre des pistolets à la ceinture. Je m'armai comme eux et sortis du camp. Mes deux compagnons s'arrêtèrent à une distance égale à celle où se trouvaient les deux noirs de celui qui s'était avancé.

Cette attention parut le rassurer ; il fit quelques pas vers moi, et nous nous trouvâmes face à face. Ce nègre était grand, paraissait vigoureux, quoique sa chevelure grisonnante annonçât qu'il était avancé en âge. Sentant l'impossibilité de me faire comprendre, j'eus recours aux gestes ; j'étendis la main vers notre camp, puis, me courbant, je traçai sur la terre une ligne, que je prolongeai en indiquant la direction avec l'index jusque vers l'horizon. Je fus compris; mais je ne pus comprendre les signes, ni moins encore les paroles bruyantes de mon interlocuteur. Enfin, à force de gestes, qu'il me rendait au centuple, je devinai qu'il me conseillait de rebrousser chemin et me refusait net le passage. J'eus recours aux présents, et je lui offris deux larges boutons de cuivré que nous avions eu soin de nettoyer. Ce cadeau le charma ; il les attacha aussitôt à sa pagne, n'ayant pas d'autre vêtement.

Je recommençai à gesticuler, et, pour lui faire comprendre que nous passerions sans causer le moindre dommage, je mis mes mains dans mes poches et marchai vers la ville... Ou sa résolution était bien prise de nous refuser le passage, ou il ne comprit point; car il poussa une exclamation et m'arrêta par le bras... J'étalai alors sous ses yeux tous les présents dont je m'étais chargé; il fut ébloui. Je l'engageai à me suivre dans le camp, ce qu'il fit sans difficulté après avoir fait main basse sur tous mes cadeaux, qu'il enveloppa dans les replis de sa pagne.

Je fis signe aux deux autres de l'accompagner, ce qu'ils firent sans hésitation.

Il me vint à l'esprit d'exagérer nos forces afin de leur faire comprendre que nous étions en état de nous frayer un chemin au besoin. Je communiquai brièvement mon plan à mes deux compagnons, et nous entrâmes dans le camp, puis sous la grande tente, où je leur offris du biscuit, un quartier de mouton et de l'eau-de-vie... Les petits verres en cristal leur firent pousser une exclamation de surprise et d'admiration ; je les remplis d'eau-de-vie, et, prenant le mien, je le portai à la bouche, le vidai, et le déposai sur la barrique qui nous servait de table. Ils m'imitèrent; mais, au lieu de déposer le verre sur le fond du tonneau, ils serrèrent chacun le leur dans leur pagne. Ils paraissaient enchantés de la liqueur ; je voulus en profiter pour rentrer en possession de mes verres, car je ne voulais pas me dessaisir de ma bouteille : ils les présentèrent si prestement, que le choc brisa celui du vieillard, qui me paraissait l'homme important de la députation. Il serait impossible d'exprimer son étonnement et son désespoir, quand il vit les morceaux échapper de ses doigts et tomber à terre ; pour le consoler je lui donnai le mien, et aussitôt la joie la plus enfantine rayonna sur son visage ; il se mit à sauter, au risque de casser encore ce verre ; un de ses compagnons ramassa soigneusement les morceaux, ce que voyant le vieillard, il éleva la voix et lui commanda avec colère de les lui restituer. Ils dédaignèrent le biscuit, dévorèrent la viande, et me parurent très satisfaits. Je tâchai alors de savoir d'eux ce qu'était devenu notre aumônier. Le vieillard se mit à genoux, imita le signe de la croix, puis leva les yeux en haut. Que pouvait signifier cette pantomime? Notre aumônier, avant de périr, avait-il prié, s'était-il signé, avait-il levé les yeux au ciel? Cette incertitude me harcela cruellement; je songeai un instant à retenir les trois députés en échange de l'aumônier. La prudence me défendit d'user de ces moyens de garantie; tous mes gestes n'obtinrent pas de plus sûrs renseignements.

Pendant ce temps nos gens avaient pu se préparer à jouer leur rôle. Le son de la trompette fit tressaillir les nègres, je les conduisis à la porte de la tente, où la moitié des nôtres passa l'arme au bras et dans un ordre parfait sous leurs yeux, tandis que l'autre moitié défilait lentement aussi, trompette en tête; les premiers endossaient des capotes et reparaissaient pour la seconde fois; ce manége se répéta trois fois; ce furent les lanciers qui vinrent clore ce défilé, illusoire quant au nombre d'hommes.

Les trois nègres avaient suivi d'un œil si attentif cette mise en scène, que je soupçonnai qu'ils n'étaient entrés dans le camp que pour en connaître les dispositions et les forces défensives. La mobilité de cette race m'était bien connue. Ce qui augmenta mes soupçons fut l'attention et les regards avides qu'ils portèrent sur nos chariots garnis de fer. J'évitai de les promener dans le camp; avant de nous séparer, je redemandai par gestes, aussi expressifs que possible, de nous renvoyer l'aumônier; ou ils ne comprirent pas, ou ils ne voulurent pas me comprendre. Ils parurent satisfaits de cette entrevue; j'y voyais un acheminement à la concorde, et je m'en réjouis; mais le sort de l'aumônier me tourmentait. Loin de nous relâcher de la surveillance, nous la fîmes avec plus d'attention que jamais. Ces noirs m'avaient paru plus intelligents que ceux que nous avions vus jusqu'alors, et leur empressement à s'emparer de ce qui était à leur convenance me faisait craindre d'être obligé de le réprimer, et d'allumer ainsi la guerre, que je voulais éviter à tout prix.

Chacun avait fait dans le camp ses conjectures sur le sort de l'aumônier, et comme il y était aimé de tous, l'inquiétude était générale. Je résolus de garder ce campement avantageux jusqu'à ce que j'en eusse des nouvelles positives.

Le matin, à l'appel, notre hercule se trouvait absent; son caractère aventureux, son audace nous étaient bien connus; je craignis de sa part quelque coup de tête, et j'avais raison de le craindre; car en explorant les alentours des habitations et de la ville, je le vis dans un petit canot s'abandonnant au cours de la rivière qui séparait la ville en deux quartiers. Dès qu'il fut arrivé en face du quartier où l'aumônier avait été conduit, il sauta à terre, et je le perdis de vue dans ces ruelles étroites qui couraient en zigzag entre les cases des noirs.

Je crus le distinguer un instant après au milieu d'une foule qui couvrait une place devant une case plus grande que les autres. Il parut y entrer librement; quel était son projet? Il eût fallu avoir son genre d'esprit et sa confiance en ses forces pour le deviner.

Le capitaine des soldats de marine, dont le rôle avait été plus qu'insignifiant, sauf quand il fallait se battre, me fit prévenir que le nombre des nègres postés sur le mamelon à l'arrière du camp s'était considérablement augmenté durant la nuit; d'un autre côté, un des postes avancés signala une grande quantité de bateaux longs chargés d'hommes qui remontaient la rivière au-dessus de la ville. Tous ces mouvements hostiles me confirmèrent dans l'opinion que nous aurions à soutenir une attaque sérieuse; tout me fut bientôt expliqué.

Des peuplades ennemies venaient ravager la contrée, peut-être même menacer la ville. Le mamelon se dégarnit d'hommes comme par enchantement, et ceux qui l'occupaient, après avoir atteint les bords de la rivière, la passèrent en canot et allèrent s'embusquer dans un bois à environ une demi-lieue. Le quartier de la ville qui occupait la rive la plus voisine de nous se dégarnit d'hommes; le combat, s'il avait lieu, allait donc se livrer de l'autre côté de la rivière. Quel ne fut pas mon étonnement en distinguant, à la tête d'une troupe assez nombreuse qui avait passé la dernière, notre marin, notre hercule, qui paraissait la commander, et derrière, l'aumônier que l'on portait dans un panier dont l'anse était passée dans une longue perche que quatre hommes soutenaient sur leurs épaules; tous nos gens vinrent partager ma surprise, et les conjectures reprirent leur cours.

Un spectacle saisissant se déroula tout-à-coup sous nos yeux, à l'extrémité de la plaine. Une véritable armée de noirs bondit comme un torrent, balayant devant elle les hommes embusqués dans les bois, et accourant en désordre sur les troupes que la ville venait d'envoyer à sa rencontre. Donner une idée de ce que mes yeux virent est impossible. C'était un désordre, une épouvante sans nom, des hurlements qui auraient couvert les roulements du tonnerre; une confusion que rien ne saurait peindre. Je songeai à nos deux compagnons engagés dans cette bagarre épouvantable, et je commandai aussitôt à soixante hommes de me suivre en toute hâte. Nous descendîmes au pas de course la montagne, atteignîmes la ville, où régnait un tumulte, une désolation affreuse... Les canots repassaient chargés de fuyards; je m'en emparai sans qu'ils y missent opposition, et je parvins avec tout mon monde sur l'autre bord. Le capitaine de la marine prit trente hommes, j'en pris autant sous mes ordres, et ces deux troupes, côte à côte, s'avancèrent lentement dans la plaine, au milieu des fuyards qui passaient à côté. Nous retrouvâmes l'aumônier, que ses porteurs avaient abandonné; il ne put nous dire ce qu'était devenu Yves, c'est le nom de notre marin. Cependant un parti assez considérable des noirs de la ville faisait face à l'ennemi et répondait à ses nuées de flèches et de zagaies par tous les traits qu'il pouvait lui lancer. Une troupe, ou plutôt une bande d'ennemis, allait l'attaquer en flanc, lorsque nous l'abordâmes à la baïonnette et fîmes une décharge presque à bout portant. Le combat changea de face; les vainqueurs, épouvantés de la détonation, du nombre de leurs tués, tournèrent le dos et coururent se réfugier dans le gros de leur armée, auquel la troupe commandée par Yves faisait face. Le brave marin avait presque seul maintenu le combat; il marchait à dix pas de la troupe, et son redoutable fléau écartait les téméraires qui s'avançaient à sa portée. — Il poussa un cri terrible en nous voyant, et, d'un geste impérieux, entraîna sa troupe noire en avant. Nous avancions au pas de charge, et atteignîmes bientôt le gros des ennemis déjà épouvantés.

Les fuyards vers la ville se réunissaient derrière la bande de notre marin, reprenaient courage et tâchaient de faire bonne contenance. A dix pas de l'ennemi, nos deux trompettes sonnèrent la charge, et nous marchâmes rapidement sur lui la baïonnette en avant... Notre décharge n'atteignit les ennemis que par derrière, car ils prirent honteusement la fuite, laissant bon nombre de morts et de blessés. A l'instant où je passais à côté d'un blessé, celui-ci se leva sur les genoux et me lança sa zagaie dans la poitrine : le coup fut si violent que je tremblai sur mes jarrets, mais la peau de rhinocéros qui me servait de cuirasse ne fut point traversée; j'en fus quitte pour une meurtrissure.

Les habitants de la ville, aussi acharnés à la poursuite d'un ennemi en déroute qu'ils s'étaient montrés lâches dans la défense, nous laissérent seuls sur le champ de bataille, que j'abandonnai aussitôt pour retourner à la ville.

Les vieillards, les femmes, les enfants se prosternèrent sur notre passage, nous apportèrent des provisions de toute espèce et nous suivaient avec admiration. Nous venions de nous ouvrir un passage et d'acquérir des alliés. Nous n'eûmes que deux hommes légèrement blessés ; Yves avait reçu plusieurs blessures, mais sans gravité.

Nous rentrâmes dans le camp chargés de provisions et harassés de fatigue. Toute la nuit nous entendîmes, quoique fort éloignés, un tintamarre affreux dans la ville. Les nègres célébraient leur victoire par des danses et des clameurs épouvantables.

Je résolus de profiter de la circonstance pour nous mettre en route, et, avant le jour, nous descendîmes dans la plaine et arrivâmes aux abords de la ville lorsque les habitants sortaient du sommeil... Notre apparition causa un peu de trouble; mais bientôt des troupes de noirs, pliant sous le fardeau, nous apportèrent des fruits, des légumes, des volailles, des moutons en vie, en nous invitant à entrer dans la ville, ce que je me gardai bien de faire. Nous campâmes tout près et lâchâmes notre troupeau dans leurs gras pâturages.

Accompagné de dix de mes compagnons de naufrage, je me rendis dans la ville, où je fus reçu dans la grande case, qui occupait seule le centre de la ville et était entourée d'une palissade de pieux. Sur un des côtés, accroupis sur des nattes, je vis une vingtaine d'hommes dont le cou, les bras, la ceinture et les jambes étaient entourés de colifichets de toute espèce. C'étaient des morceaux de bois, des dents, de petits cailloux et d'autres objets que je ne pus apprécier. A la vue de notre aumônier, qui m'accompagnait, et à qui les nègres témoignaient un si grand respect, je remarquai que ces hommes témoignèrent du mécontentement ; je jugeai que c'étaient les prêtres ou sorciers de la peuplade ; je dis sorciers plutôt que prêtres, car, en parcourant la bourgade, je ne vis aucune idole, aucune apparence d'un acte religieux. On nous conduisit sur une espèce d'estrade, et les principaux s'accroupirent à nos pieds. Un d'entre eux, vieillard courbé par l'âge, nous fit un long discours auquel je ne compris qu'une chose : c'est qu'ils nous invitaient à nous fixer au milieu d'eux, nous promettant des fruits et des troupeaux et une grande étendue de terre, si j'en juge par le mouvement des bras que l'orateur étendait à droite et à gauche. Je lui répondis et tâchai de lui faire comprendre par mes gestes que nous désirions retourner dans notre pays. Après nos deux discours, prononcés en pure perte, on nous servit sur des feuilles de bananier d'excellents fruits, des melons d'eau, et après des volailles cuites sous la cendre, le tout arrosé d'une liqueur aigre que l'ardeur du climat rendait fort agréable. L'aumônier était surtout celui à qui les attentions s'adressaient; mais je voyais les griots faire la grimace toutes les fois que les principaux lui témoignaient leur déférence. Après avoir parcouru la ville, chétif amas de cases sans alignement, entourées des déjections des hommes, des animaux, et des débris d'os de bêtes et d'arêtes de poisson, les principaux nous accompagnérent dans notre camp, où je les régalai d'eau-de-vie mitigée par l'eau, et les renvoyai enchantés de nos présents. C'étaient les boutons des capotes des soldats de marine et de nos matelots. Je fis présent à l'orateur d'un petit miroir de poche qui lui arracha des exclamations de joie et qui passa de main en main en causant l'admiration des nègres, étonnés de voir leur image dans un pareil objet.

Malgré tous ces témoignages de respect et de bonne amitié, je ne me laissai point aller à la sécurité et les veilles se firent comme de coutume. Le matin du jour suivant, lorsque nous étions occupés à visiter nos provisions, deux nègres entrèrent dans le camp et jetèrent devant moi des lambeaux de chair encore sanglante. C'étaient les restes d'un bœuf que les lions avaient dévoré pendant la nuit. Ils venaient me demander de les débarrasser de ces dangereux voisins comme je les avais débarrassés de leurs ennemis... Pour soutenir notre réputation je le leur promis et choisis dix de nos meilleurs tireurs pour cette chasse dangereuse. On fondit des balles composées moitié plomb et moitié étain, parce qu'elles ne s'aplatissent pas comme les balles de plomb seul. Outre le fusil et le coutelas, arme plus offensive que le sabre, ils s'armèrent de nos longues lances, et, guidés par les nègres, ils se rendirent au lieu où ceux-ci supposaient que les lions s'étaient retirés.

Yves ne pouvait manquer cette occasion de se livrer à son instinct belliqueux. Je fus désireux d'assister à cette chasse; j'ajoutai quatre aux dix déjà désignés ; nous étions donc quinze Européens bien armés; une trentaine de nègres armés de flèches et de zagaies nous accompagnèrent. Après une marche de plusieurs heures, les nègres, qui exploraient le terrain comme des limiers, s'arrêtèrent soudain à la vue d'un fourré très épais; puis, poussant de grands cris, ils lancèrent dans ce fourré des pierres et des bâtons; rien ne sortait... Je fis tirer quelques coups de fusil à travers les arbustes, un rugissement roulant comme un tonnerre lointain y répondit. Nous serrâmes nos rangs et dirigeâmes en avant la pointe de nos lances. Le lion ne sortit point de sa retraite... Les nègres, enhardis par notre présence, firent tomber une véritable grêle de pierres et de bâtons sur la retraite... Le noble animal bondit au-dessus des arbustes et vint se camper fièrement en face de nous. Je n'ai rien vu de plus noble, de plus majestueux que ce roi des déserts dressé sur ses larges pattes, la tête haute, le regard fixe et étincelant, et la crinière presque hérissée...

Il parut étonné de voir des êtres qu'il n'avait probablement jamais vus, et avança comme pour en faire l'examen... Un nègre lui lança imprudemment sa zagaie, qui l'effleura; prompt comme la foudre, il bondit, décrivit en l'air un demi-cercle, et s'abattit sur son agresseur, qu'il terrassa et étrangla d'un seul coup de mâchoire... Feu! criai-je aux nôtres, l'homme est mort. Six balles se logèrent dans le corps de l'animal, qui, d'un second bond, se lança sur les nôtres, tomba sur les lances, qu'il brisa, et renversa trois hommes, dont il eût déchiré la poitrine sans la cuirasse de buffle qui la protégeait. Yves n'avait point tiré; voyant le lion prêt à déchirer ses camarades, il jette son fusil à terre, s'élance sur son dos, le saisit à la gorge de ses larges mains et engage ses jambes entre les pattes de derrière. Alors nous vîmes une lutte effrayante et peut-être inouïe dans les aventures de la chasse au lion. Surpris, indigné, furieux de ce genre d'attaque, le lion bondit, retombe sur ses pattes, se secoue avec violence, ouvre sa large gueule pour broyer l'audacieux qui ose le charger de son poids; mais Yves, plus solide qu'un centaure, plus vigoureux que quatre hommes, serre, serre la gorge de l'animal, presse ses flancs de l'étreinte vigoureuse de ses genoux, mord sa crinière hérissée et résiste à tous ses efforts, à tous ses bonds. Le lion, sentant l'inutilité de ses bonds, se roule sur la terre, une écume sanglante fume sur son muffle; il commence à râler... Nous étions saisis d'épouvante.

Ils étaient là, tous deux étendus sur la terre, l'homme cloué sur l'animal, et l'animal se roulant, se relevant, bondissant, puis se jetant sur la terre, fouettant le corps d'Yves et ses propres flancs de la masse de sa queue.

Je m'approchai pour tirer dans la tête de l'animal. — Non, me cria Yves; je veux l'avoir tout seul. — Et ce fut d'une physionomie presque calme qu'il me dit ces mots. Le sentiment, la conscience de la force élève l'homme au-dessus de la crainte. Je me reculai à regret.

La lutte, un instant ralentie, recommença avec fureur : le lion était dans un paroxysme de rage, sa langue pendait, ses yeux étaient injectés de sang, et de profonds gémissements roulaient dans sa gorge que les mains d'Yves serraient avec opiniâtreté... Il tomba étranglé; ses membres tressaillaient, et Yves, lâchant prise, se dressa le front ruisselant de sueur, le corps meurtri, mais calme et superbe dans sa victoire. Ce jour-là Yves mérita mon admiration; il fit sous mes yeux, à ma grande épouvante, ce que je n'aurais jamais cru possible à un homme : il ne frissonna pas dans un pareil danger et ne parut pas orgueilleux dans son triomphe.

Les nègres le prirent pour un dieu et vinrent lui

baiser les mains; la bête féroce fut emportée sur un brancard et exposée aux entrées de la ville, où les nègres faisaient le récit du combat et exaltaient la force de notre marin.

L'inspection de nos provisions nous apprit que nous avions des ennemis sur les attaques desquels nous ne comptions pas : de petits insectes, presque imperceptibles, s'étaient introduits dans presque tous nos tonneaux de biscuit et l'avaient dévoré, n'en laissant que la croûte. Il fallait renouveler ces provisions. Les tonneaux attaqués furent vidés, grattés, frottés avec des plantes odoriférantes et plongés dans l'eau durant quelques jours.

Les nègres ne cultivaient qu'une espèce de grain semblable au doura d'Égypte; nous en fîmes une grande provision, établîmes une boulangerie et un four, et renouvelâmes notre provision de pain. Nos hôtes suivaient avec étonnement ce que nous faisions et furent émerveillés en voyant nos petits pains ronds sortir du four solides et légers. Je songeai aussi à faire une grande provision de viande; mais je voulus tenter une expérience nouvelle : la chair désossée fut hachée très menue, puis soumise à une forte pression, ensuite empaquetée dans des peaux que nous enduisions d'une gomme à odeur forte que les nègres obtenaient de certains arbres en y faisant des incisions. Je soumis le doura à la fermentation, et j'en obtins une bière douce et sucrée dont nos gens se régalèrent et trouvèrent très désaltérante. Les nègres apprirent de nous cette fabrication et en usèrent aussitôt. Cette boisson avait assez de force pour enivrer, aussi en abusèrent-ils. Tous nos tonneaux vides en furent remplis, et ce fut pour nous une grande ressource dans le voyage.

Je profitai de ces jours de halte pour connaître à quelle hauteur nous étions dans ce vaste continent de l'Afrique, et je vis avec assez de peine que, pour arriver aux premières habitations hollandaises, il nous restait encore plus de trois cents lieues. La saison des orages et des pluies torrentielles approchait; il nous faudrait de toute nécessité passer plusieurs mois dans les campements. Ainsi les vivres nous manqueraient, soit à cause de la lenteur de notre marche, sans cesse contrariée par les obstacles du sol, soit par les dangers et les pertes de bagages et l'impossibilité de conduire nos chariots, soit enfin par les maladies.

Un nouveau sujet de douleur vint encore aggraver ces tristes prévisions : notre aumônier me déclara que son intention bien arrêtée était de se fixer au milieu de ces pauvres ignorants et de remplir en Afrique le but de sa mission. — La Providence, par des voies inconnues, m'a conduit dans ces contrées, je ne puis méconnaître les vues de Dieu; je reste donc où il m'a conduit. — Il me fut impossible d'ébranler sa résolution; cette séparation arrêtée fut pour moi si sensible que je faillis en tomber malade. J'étais si sincè rement attaché à ce digne prêtre, dont les discours avaient si souvent relevé mon courage abattu, que je crus notre retour impossible et songeai un instant moi-même à m'établir dans cette contrée sauvage, mais d'une fertilité inouïe et d'une beauté qui n'avait rien à envier aux plus belles contrées de l'Europe. L'amour du sol natal l'emporta; je me devais d'ailleurs aux hommes qui m'avaient confié leur vie et le soin de les ramener en Europe.

Un autre coup vint me frapper : Yves, notre hercule, notre héros, qui se trouvait toujours présent à l'instant du danger, avait été séduit par les flatteries sincères, cette fois, des nègres de la ville; je crus qu'il visait à la royauté. Cette espérance vaniteuse lui avait tourné la tête; il me déclara aussi qu'il voulait rester dans la contrée; j'appris le jour même qu'un certain nombre de nos gens se proposaient de rester avec lui; la désertion se mettait dans nos rangs... Pour comble de malheur cette résolution avait l'approbation de l'aumônier, qui, à son point de vue, voyait déjà une peuplade nombreuse passer de l'idolâtrie à la vraie religion, et celle-ci s'étendre de proche en proche dans les contrées de l'Afrique.

Je réunis tout notre monde et pérorai tant et si bien, que je changeai les dispositions de ceux qui voulaient nous abandonner et dissipai du cerveau d'Yves les vapeurs d'ambition qui l'avaient enivré. L'aumônier seul resta inébranlable.

J'ai dit que la rivière ou le fleuve avait une grande largeur et qu'il descendait vers le midi. J'eus la pensée de profiter de son cours pour diminuer les fatigues de la route ; mais il nous fallait plusieurs grands radeaux pour transporter nos chariots et nos bagages ; cette difficulté n'effraya point nos gens, à qui je communiquai mon projet ; ils me représentèrent que cette rivière, si ce n'était un fleuve, irait toujours se décharger ou dans un fleuve ou dans la mer, et qu'alors les facilités pour notre passage en Europe seraient plus grandes ; que, tant que nous serions en radeaux, nous ne manquerions jamais d'eau, que la pèche nous offrirait toujours une ressource contre la faim, etc.

Ces raisons étaient trop justes et rentraient trop bien dans le projet que j'avais cru imprudent d'exécuter à cause de la perte de temps que son exécution exigerait, que je me hâtai de le mettre en train.

Je fis comprendre aux nègres que nous avions besoin d'une grande quantité d'arbres pour construire des canots, et aussitôt ils se portèrent avec empressement dans les forêts qui longeaient la rivière, et mirent à flot des masses de bois plus que suffisantes pour la construction des trois radeaux dont j'avais médité le plan. Ils nous aidèrent à les équarrir et devinrent en peu de jours habiles à manier nos haches et nos autres outils. L'aumônier, qui s'était déjà installé dans la ville, mais qui venait chaque jour au camp, me répetait sans cesse que mon projet était une inspiration du ciel, car je concourais à civiliser ces peuplades barbares en les initiant aux arts les plus utiles.

Les travaux avançaient avec une telle rapidité, qu'à la fin de la semaine le grand radeau qui devait porter notre troupeau se trouva prêt à être mis à flot pour l'expérimenter et construire ses bordages. Il avait soixante-cinq pieds de longueur sur quinze de largeur. La crainte de trouver la rivière rétrécie en quelque endroit me fit adopter cette petite largeur ; elle nous procurait encore un autre avantage, en rendant plus facile et plus légère une toiture en écorce pour préserver le troupeau des intempéries de l'air ; les deux extrémités furent réservées pour les provisions de fourrage, qui ne manqueraient point sur les bords d'une rivière sujette aux débordements, et dans des contrées où la chaleur et l'humidité produisent des prodiges de végétation ; nous établîmes un fond en fortes planches, et un second en gros roseaux entrelacés et très serrés. La rampe qui régnait le long des bords était aussi de roseaux, mais très solide, et s'élevait à six pieds de hauteur, ce qui donnait à cette étable flottante une profondeur logeable de dix pieds de hauteur.

La construction des deux autres radeaux fut mieux dirigée ; l'expérience m'avait fait voir ce que le premier avait de défectueux, et nous fîmes, si j'en pus juger par l'admiration de nos bons amis à la peau noire, deux merveilles dont ils parleront longtemps. Le radeau sur lequel nous mîmes nos chariots, démontés, et nos bagages, avait des dimensions plus petites, mais plus de profondeur, des bordages moins élevés et une toiture en roseaux dont les nègres firent le travail. Le radeau pour notre troupe qui devait servir de guide, de protecteur aux deux autres, fut si solidement construit et si bien disposé, qu'on pouvait le manœuvrer comme une chaloupe et le faire aller en tous sens. Aux deux extrémités s'élevaient des cabanes en fortes planches, ayant chacune un étage; au milieu une cabine plus haute, plus large dominait les deux autres et était comme elles percée de meurtrières; les nègres se surpassèrent dans la confection de ces toitures. Tous ces travaux nous avaient pris trente-trois jours d'un travail actif, et employé tout notre monde et plus de deux cents nègres.

Auparavant de nous mettre en voyage, nous voulûmes laisser à nos bons amis les noirs un long souvenir de notre séjour parmi eux. Je traçai des fortifications autour de leur ville et fis élever deux tours pour leur donner une idée du reste des fortifications. Ils le comprirent fort bien, et j'appris peu de temps après qu'elles leur avaient été fort utiles.

Le jour de notre embarquement l'aumônier vint nous faire ses adieux, il nous parut fort ému, et des larmes roulaient dans ses yeux; de notre côté l'émotion fut égale : pour ma part je la sentis si vive, que, pour ne pas laisser voir ce que j'éprouvais, je lui serrai la main en frémissant et m'enfuis sur le radeau.

Notre grande barque, bien munie de rames, ainsi que les deux radeaux, descendit lentement, entraînée par un faible courant, et suivie de près par les radeaux, sur chacun desquels s'étaient embarqués un nombre suffisant d'hommes pour les diriger. La chaleur était grande, et les rayons d'un soleil presque perpendiculaire sur nos têtes étaient réfléchis par les eaux et nous éblouissaient les yeux. Mais que de commodités nous procurait cette manière de voyager ; presque point de fatigue de corps, car de deux heures en deux heures les hommes chargés de la direction de la barque étaient relevés par d'autres et venaient s'étendre sur des nattes, soit dans une des cabines, soit sur les bordages, d'où ils pouvaient contempler la magnificence des contrées qui bordaient les rives du fleuve. Le pays était plus peuplé que nous ne l'avions supposé, et les habitants possédaient de nombreux troupeaux, mais ne s'adonnaient point à la culture des terres, comme ceux que nous venions de quitter. Les noirs de cette partie de l'Afrique centrale sont généralement grands et bien faits, ce qu'il faut attribuer à ce qu'ils ne sont pas dès l'enfance emprisonnés dans des habits, qui gênent toujours le corps et empêchent son complet développement ; l'air libre dans lequel ils

5

passent une partie de leur vie leur donne une vigueur peu commune en Europe et les met à l'abri de l'intempérie des saisons. Leur noir est très foncé; comme tous ceux de leur race, ils ont une chevelure laineuse, les oreilles épaisses et longues, le nez épaté et de grosses lèvres, avec des dents magnifiques. Je fis plusieurs fois la remarque que leur front est moins bas, moins déprimé que ceux de leur race que je vis dans la suite de ce voyage.

Les femmes ont des formes parfaites, des yeux d'une grande douceur, mais elles se défigurent en se passant un anneau au nez, quelques-unes à la lèvre inférieure. Leurs mains et leurs pieds ne répondent point aux formes délicates du reste de leur corps; ils ont une grandeur hors de proportions, ce qu'il faut probablement attribuer aux rudes travaux auxquelles elles sont assujéties dès leur première enfance. Les hommes chassent, pêchent ou font nonchalamment paître leurs troupeaux; les rudes fatigues sont le partage des femmes. Ces peuplades me parurent ignorantes et superstitieuses à l'excès.

J'ai déjà dit que je n'avais remarqué chez eux aucun signe extérieur de religion. Il faut cependant qu'ils aient des croyances quelconques, car les griots, ou prêtres médecins, se trouvaient à chaque instant devant nous quand nous entrions dans la ville.

Leurs arts étaient peu nombreux; mais ils

excellaient dans la fabrication des nattes, de certaines étoffes dont je ne connais point la matière et dont ils se faisaient des pagnes ou ceintures, qui entouraient leurs reins et descendaient jusqu'aux genoux. Ils se couvraient la nuit et en temps de pluie d'une espèce de sarreau en forme de sac qu'ils attachaient sous les bras, et d'une pièce de drap assez ample ayant un trou au milieu par lequel ils passaient la tête. Le caprice donnait la forme à leur coiffure quand ils en prenaient une. Ils imitèrent assez la forme des nôtres avec des joncs tressés; ils voulurent aussi imiter nos chaussures, mais ils renoncèrent bientôt, leurs pieds garnis d'une semelle calleuse ne pouvaient se faire à la chaussure européenne.

Le caractère général du nègre est mobile, irascible, passant de la colère à une joie délirante, des larmes aux éclats de rire, de la haine à l'amitié; féroce par la viocence d'un tempérament de feu, le nègre devient doux et humain peu d'instants après. Cependant il y a des populations chez lesquelles le sentiment de la vengeance a une plus longue durée, et qui la satisfont par l'assassinat et surtout par le poison.

Nous venions de perdre de vue les campagnes fertiles, les arbres, la verdure, et nos embarcations coulaient plus rapidement entre des rives élevées, des rochers pelés, sans arbrisseaux, sans verdure, et d'un aspect désolé. Quand, entre la coupure de deux rochers, nous découvrions les campagnes, elles nous offraient l'image d'une stérilité effrayante. Les caïmans reparurent en grand nombre; mais l'élévation de nos embarcations nous mettait, nous et notre troupeau, à l'abri de leurs atteintes. Nos gens firent la remarque qu'on les voyait toujours se réunir et nager autour du radeau chargé de notre troupeau. Était-ce l'odorat qui les y conduisait, les émanations d'un troupeau nombreux étant plus sensibles que celles des hommes, ou était-ce la fiente de ce même troupeau que l'on jetait soigneusement dans le fleuve? C'est ce que je ne saurais décider. Nous vîmes des hippopotames sur lesquels nous fîmes des décharges inutiles. J'en vis un qui surpassait la grosseur du plus grand éléphant; la tête de cet animal inspire la frayeur et l'horreur; il paraît cependant beaucoup plus timide que le caïman.

Ces animaux se retirent dans les anses, où se trouvent des herbes et des roseaux en abondance.

Nous avions façonné des engins pour la pêche; mais, dès que nous les jetions à l'eau, les caïmans nous les mettaient en pièces. La petite ligne nous procurait de temps en temps quelques pièces de poisson.

Les roseaux servaient de retraite à des nuées d'oiseaux qui fréquentent les eaux; quand nos chasseurs en abattaient il fallait se hâter de mettre à l'eau le petit canot, car notre gibier devenait la proie de ces insatiables monstres. Ils engouffraient tout ce que nous jetions à l'eau : os, peau, ordures, morceaux de bois ; tout leur était bon.

Les fourrages nous manquaient, et nous avions sur les rives une petite lisière d'une belle et haute verdure. J'envoyai la plus grande partie de nos hommes pour la faucher. On avait amarré les embarcations et jeté les ponts-levis, ménagés pour faciliter la descente à terre. Le soleil n'était levé que depuis quelques heures ; c'est alors que les caïmans dorment ou se reposent. Une dizaine d'hommes se tenaient sur le qui-vive, l'arme au bras, pour protéger les faneurs, qui se servaient de coutelas en guise de faulx.

Tout-à-coup un cri étrange part de la plaine, puis un bruit sourd comme un battement d'ailes attire leur attention. C'était une bande d'autruches qui fuyait ; derrière fuyaient aussi des zèbres, puis d'autres animaux à nous inconnus. Un lion et une lionne faisaient cette chasse royale. Deux de nos chasseurs firent feu sur la bande d'autruches qui passait à portée de la balle. Une battit convulsivement des ailes et tomba, se releva, voulut reprendre sa course, moitié à pied moitié au vol ; mais le coup était mortel. Deux chasseurs coururent étourdiment pour enlever leur butin et se trouvèrent, le fusil vide, presque face à face avec la lionne, qui était accourue pour s'en emparer ; à cette vue les autres chasseurs se hâtèrent, firent feu et blessèrent la lionne, qui poussa un rugissement douloureux... Le lion l'entend, dresse la tête et arrive à bonds prodigieux sur les chasseurs. Ils avaient eu le temps de recharger leurs fusils, dans lesquels ils avaient glissé deux balles... Leur contenance arrêta le lion ; il va auprès de sa femelle, la lèche de sa rude langue, semble examiner la blessure. Elle avait été atteinte entre le cou et l'épaule, et ne pouvait appuyer sur sa patte. Pendant ce temps-là nos hommes se retiraient lentement, criant aux faneurs de gagner le radeau...

J'observais ce qui se passait avec une attention inquiète. Dès que le lion eut reconnu que la lionne était blessée à ne pouvoir le suivre, il enfonça ses griffes puissantes dans la terre, la fit voler autour de lui, puis, baissant la tête dans le trou, il poussa deux rugissements terribles et s'élança sur les traces de nos gens... Quand il arriva ils étaient en sûreté sur le radeau, et le pont-levis était levé. Il mesure la distance qui nous séparait de lui, se courbe sur ses jarrets, le dos arrondi en demi-cercle, et, prenant son élan, il bondit jusque sur le bordage, à l'instant où, à l'aide d'une perche, nous poussions le radeau en pleine eau.

Ses griffes détachèrent un éclat de bois, et la bête furieuse tomba dans l'eau ; elle se mit à nager vers le radeau. Alors la scène changea : un caïman éleva son long grouin à fleur d'eau, entre le radeau et le lion. Celui-ci s'arrête subitement, puis, à notre grand étonnement, s'élance dans les roseaux, gagne le bord, et secoue sa crinière ruisselànte. La voracité du caïman le fit poursuivre la proie qui lui échappait, il se trouva bientôt en face du lion. Le noble animal dépose sa fureur, observe attentivement ce nouvel ennemi ; de son côté, le caïman ne se trouvant plus dans son élément, veut se retourner pour s'y réfugier... Le lion bondit sur sa queue, y enfonce ses dents et ses griffes (nous entendîmes le broiement des écailles), puis, d'un second bond, s'éloigne de la gueule de son dangereux ennemi. Le caïman, furieux de douleur, se retourne, la gueule démesurément ouverte ; mais le lion se tenait à distance, épiant une occasion de l'attaquer une seconde fois. Le caïman agitait lentement sa longue queue, qui aspergeait de sang l'herbe verte du rivage. Il sentit son infériorité, et voulut encore se réfugier dans les joncs, le lion bondit de nouveau, cherchant cette fois à enfoncer ses griffes dans le dos ; les écailles résistèrent, il resta un instant en travers sur le monstre ; il est bien certain que si le caïman eût pu plier le cou, faire usage de sa terrible mâchoire, le lion eût succombé. Mais il était hors de portée quand cette large mâchoire se referma à grand bruit de dents. Cependant le caïman s'était rapproché des roseaux ; la fureur du lion se ranima : il s'élança sur le cou, parvint à enfoncer ses griffes sur les côtés, à enfoncer ses dents sur la tête ; le combat devint horrible à voir. Le caïman, portant son ennemi sur la tête, sur le dos, courut, aussi vite que le lui permettaient ses courtes jambes, vers l'eau, se jette à travers les roseaux et plonge dans le fleuve. Les deux combattants disparurent, revinrent sur l'eau, s'y enfoncèrent encore, sans que le lion lâchât prise ; ce tumulte attira d'autres caïmans, et nous vîmes des queues écailleuses, une tête, une crinière, puis l'eau s'agita comme si une éruption souterraine la bouleversait, puis enfin l'eau reprit son calme, mais teinte de sang : le noble roi des déserts était devenu la pâture des horribles caïmans.

Le commencement de ce combat ne nous avait pas fait prévoir cette fin, elle nous attrista tous; mais nous vîmes avec plaisir peu après le ventre blanc du caïman s'élever à fleur d'eau ; le lion n'avait pas succombé sans vengeance. Ce fut pour nous un jour de terribles émotions; la lionne blessée s'était traînée sur le rivage : ses larges naseaux ouverts, elle interrogeait les émanations; sans prendre garde à nous, elle se traîna jusqu'au passage tracé par le caïman, flaira la boue, les roseaux, puis poussa une espèce de rugissement et s'étendit sur le sol. Je défendis de tirer sur elle, cette douleur si manifeste m'avait ému. Nos chasseurs et nos faucheurs redescendirent à terre ; elle les suivit des yeux, mais ne bougea pas ; nos gens prétendirent lui avoir vu des larmes dans les yeux. Je fis jeter à sa portée le corps de l'autruche que l'on avait dégarni de ses plumes, elle ne fit pas un mouvement pour la saisir. Un caïman leva son museau hors de l'eau, j'ordonnai une décharge sur l'horrible bête, craignant qu'elle ne dévorât la pauvre lionne, dont la sensibilité m'avait ému. Le bruit la tira de sa torpeur douloureuse, elle se traîna lentement vers un hallier où elle s'enfonça.

Les fourrages étaient abondants, je fis débarquer notre troupeau au commencement de la nuit et allumer de distance en distance de grands feux, quoique je susse bien que deux couples de lions habitent rarement le même désert.

Nous achevâmes durant la nuit notre travail de faneurs, et nous nous trouvâmes approvisionnés pour plusieurs jours, car notre troupeau rentra repu et n'eut pas besoin de nourriture le jour suivant.

Une excursion dans la contrée nous procura des cannes à sucre, divers fruits et des racines dont nous n'osâmes manger, mais que nos moutons trouvèrent de leur goût. Nous eûmes dans la suite la preuve que ce que cet animal mange peut l'être aussi sans danger par l'homme, si le goût ne le rebute pas.

Le fleuve, grossi par plusieurs affluents, prenait une étendue de plus en plus considérable; les montagnes et les rochers cessaient de border ses rives. Des plaines riantes, parsemées d'arbres, de rideaux de forêts dans le lointain et d'une magnifique verdure, s'offrirent à nos regards. Elles étaient fréquentées par des hommes; mais comme je ne pus découvrir aucune case, je pensai que c'étaient des peuplades nomades qui y avaient conduit les nombreux troupeaux répandus dans les plaines.

Nous résolûmes de mettre aussi à profit ces magnifiques pâturages, et nos troupeaux furent descendus à terre et abandonnés à leur instinct, sous la garde de trente hommes armés. Ils avaient ordre de ne point molester les nomades et d'éviter que les troupeaux se mêlassent ensemble.

Notre troupeau paissait à quelque distance de la rive, et ceux des nomades pouvaient en être à la distance d'un quart de lieue. Tout se passa tranquillement les premières heures. A l'aide de ma lunette, j'avais bien vu une dizaine de nègres se réunir et gesticuler; mais comme, loin de chercher à se rapprocher de nous, ils éloignaient au contraire leurs troupeaux, je crus que tout se passerait pacifiquement.

Nos gens et notre troupeau passèrent les premières heures de la nuit fort paisiblement; ils avaient allumé leurs feux, et à une assez grande distance brillaient en grand nombre ceux des nègres. Vers le milieu de la nuit une sentinelle avancée fit entendre un qui-vive que le silence de la nuit rendit très distinct. Cinq hommes de veille se portèrent à la hâte vers elle et apprirent que la sentinelle avait parfaitement distingué une forme humaine se glissant le long des forêts. Ils s'avancèrent jusqu'à l'endroit où cette forme humaine avait disparu, pénétrèrent assez avant dans la forêt et ne découvrirent rien. Ils revinrent, postèrent une sentinelle plus loin, et abritée par une touffe d'arbrisseaux. Plus d'une heure s'écoula sans entendre le moindre bruit ; enfin l'alarmant qui-vive retentit pour la seconde fois : nos gens accoururent en plus grand nombre, cernèrent l'endroit indiqué par la sentinelle et s'emparèrent d'un nègre dont les reins étaient entourés d'une longue corde d'écorce d'arbre. Ils furent convaincus qu'il avait voulu profiter de la nuit pour nous dérober quelque tête de bétail.

Ce nègre était de haute taille, jeune encore, et n'avait pour arme qu'une courte zagaie. Il fut conduit sur notre embarcation, où, après avoir tâché de lui faire comprendre que nos intentions étaient pacifiques, je le renvoyai en lui faisant présent d'un bouton de cuivre... C'est ce qu'il comprit le mieux de tous mes gestes ; sa figure, sombre et effrayée, changea subitement, ses yeux pétillèrent de plaisir, et, se trouvant libre, il sauta dans l'eau, gagna la rive et s'enfuit avec la légèreté de l'antilope...

Chez les peuples civilisés, un traitement généreux est compris, sauf quelques rares exceptions fournies par des natures perverses et incapables de sentir la différence entre le bien et le mal, natures égoïstes et malfaisantes. Chez les peuples sauvages, où tout en définitive se résume en la loi du plus fort, toute concession, toute avance est prise pour une faiblesse et sert d'encouragement au désir du mal. Notre fugitif, de retour parmi ses compatriotes, leur fit sans doute un récit tel, qu'ils crurent que nous tremblions devant eux. Aussi, le jour suivant, s'avancèrent-ils en nombre imposant pour des hommes qui eussent appartenu à leur race, mais bien peu imposant pour nous, à qui nos armes donnaient une telle supériorité sur eux, et tentèrent-ils d'enlever nos troupeaux. Surpris d'une conduite à laquelle nous étions loin de nous attendre, je fis descendre à terre tous les hommes dont on pouvait se passer sur les embarcations, et je me mis à la tête de ce renfort. Dieu m'est témoin que je voulais éviter l'effusion du sang; mais j'avais sous ma responsabilité la conservation de mes compagnons de naufrage, et je comprenais mon devoir; nous étions quatre-vingt-dix hommes sous les armes. Les nègres se présentaient en masse, au nombre de cinq ou six cents. Je divisai ma petite troupe en trois corps, chaque aile, composée de vingt-cinq hommes, était placée à dix pas des quarante que je commandais. Nous marchions sur trois lignes de profondeur. Nous avançâmes lentement; je ne voulais pas que nos gens arrivassent essoufflés sur le champ de bataille.

En voyant notre petit nombre comparé à leur masse confuse, les nègres, se croyant sûrs de la victoire, poussèrent des cris affreux et nous envoyèrent une grêle de flèches et de zagaies qui tombèrent à quelques pas de nos premières lignes. Nous y répondîmes par un silence complet en avançant toujours... Arrivés à une portée de fusil, je fis sonner les trompettes ; les premiers rangs firent leur décharge, mirent le genou en terre ; le second rang fit la sienne et mit aussi le genou contre terre pour faciliter le tir du troisième rang... ; puis, les fusils rechargés, nous nous portâmes en avant, exaltés par l'odeur de la poudre; mais nous ne vîmes que le dos de nos ennemis. Le bruit des décharges, les hommes qui tombaient, les avaient remplis d'une si grande épouvante, qu'ils jetèrent leurs armes, abandonnèrent leurs troupeaux, et s'enfuirent en toute hâte.

Notre butin fut immense, la plaine était couverte de troupeaux, et nous n'eûmes que la peine de les réunir, car le bruit des décharges les avait aussi épouvantés.

Je voulus user de modération et employer les moyens qui m'avaient déjà réussi. Les blessés restés sur le champ de bataille furent soignés et bien traités, les morts enterrés, et, après avoir choisi dans les troupeaux les animaux qui pouvaient nous devenir utiles pour la continuation de notre voyage, nous confiâmes les autres à cinq blessés qui pouvaient marcher, et nous les conduisîmes jusqu'à l'extrémité de la plaine, où nous les abandonnâmes à eux-mêmes.

Nous n'avions réservé de tout ce butin que vingt belles vaches aux mamelles gonflées de lait, et trente bœufs magnifiques. Trois bêtes à cornes avaient été atteintes par nos balles; nous en fimes un festin sur le champ de bataille même. L'abondance des fourrages, dont nous fîmes ample provision, la nécessité de dompter nos nouveaux bœufs nous arrêtèrent trois jours dans cette plaine ; nous eûmes du lait en abondance, ce qui fut pour nous un soulagement dans ces latitudes ardentes. L'idée me vint d'en faire des fromages comme les Hollandais, c'est une provision qui ne s'avarie guère. Nous voilà donc improvisant une laiterie et composant des fromages, égouttés dans des paniers de jonc.

Une de nos outres en peau, qui contenait nos viandes hâchées, fut ouverte et trouvée aussi nourrissante qu'excellente. Tous nos bœufs, vaches et moutons qui nous parurent en état peu satisfaisant furent abattus, dépecés et hâchés pour les provisions du voyage. La pêche donnant abondamment à l'embouchure d'un des affluents du fleuve, nous essayâmes de boucaner le poisson ; mais il se corrompait faute de sel. Nos provisions de bière touchaient à leur fin ; nous les renouvelâmes avec le douro que nous avions en grain ; et, bien approvisionnés, comptant sur la puissance de nos armes, nous nous abandonnâmes au courant du fleuve. Les contrées qui passaient sous nos yeux étaient riches en pâturages et peuplées à d'assez grandes distances. Souvent les naturels accouraient sur le rivage pour nous voir ; mais ils ne commettaient aucun acte hostile.

Chaque jour nous voyions les rives du fleuve

s'éloigner de plus en plus ; ses bords, toujours couverts de plantes aquatiques et de roseaux, étaient tantôt planes et plus souvent escarpés. Çà et là nous commencions à trouver des îlots, et souvent nos embarcations se heurtaient contre des troncs d'arbres enfoncés dans le sable.

Tandis que nous avancions pleins de confiance, un accident, que nous aurions dû attendre une fois ou l'autre, faillit réduire notre espérance à néant. La journée avait été étouffante; nos gens, qui prenaient chaque jour, pour conserver leur santé, des bains dans nos tonneaux vides, trouvèrent les eaux du fleuve plus que tièdes. L'air était lourd et accablant, et nous ne pouvions que nous jeter au fond des radeaux, pressés que nous étions de reposer nos membres fatigués. Sur notre droite, vers l'ouest-nord-ouest, une chaîne de montagnes qui s'élevait à l'horizon était couronnée de nuages bronzés et immobiles ; pas un souffle de vent dans l'air, mais un calme, un silence qui faisait peur. Nos troupeaux donnaient des signes d'inquiétude et piétinaient dans leur étable. Je pressentis un orage comme ceux qui ravagent ces contrées, et je cherchai un abri pour nos radeaux. Peu à peu des nuages, comme des filets rougeâtres, s'étendirent lentement sous le ciel ; ils devinrent opaques et d'une couleur sombre tachée de rouge. Enfin, les éclairs brillèrent et les grandes voix des tonnerres se firent entendre. Nous nous hâtâmes de nous jeter dans une petite anse où les eaux étaient basses, de nous ancrer le mieux que nous pûmes; il était temps. Un vent qui déracinait les arbres se mit à souffler en amont du fleuve avec tant de violence qu'il en suspendit le cours, les eaux refoulées s'élevèrent au-dessus de ses rives; fumantes, couvertes d'écume, elles assaillirent nos embarcations, les soulevèrent, les inondèrent et les lancèrent sur la plaine. Des tonnerres mugissaient de tous les points du ciel, et de véritables cataractes s'abattaient sur la terre; des hauteurs, des torrents boueux se précipitaient sur les basses terres et arrivaient comme des marées dans le lit gonflé du fleuve... Inondés, ballottés, menacés à chaque instant d'être engloutis, nous dûmes notre conservation au courage et à la présence d'esprit du marin Yves. Un gros arbre, trop fortement cramponné au sol pour en être déraciné, avait été brisé par la moitié; Yves, après avoir été deux fois renversé par la violence du vent, parvint à l'entourer d'une chaîne en fer qu'il fixa au grand radeau que les torrents de la plaine menaçaient de jeter au milieu du tumulte des eaux du fleuve, où il eût été démembré; ensuite, aidés de tous, nous accrochâmes les deux autres embarcations derrière le radeau et les y consolidâmes de notre mieux. Dix fois l'eau nous inonda, remplit les embarcations, qu'elle rendit heureusement plus pesantes. Nos troupeaux avaient de l'eau jusqu'au poitrail, nos moutons périssaient suffoqués, et cet horrible bouleversement ne s'apaisait point. Nous crûmes que nous touchions à la destruction de la terre, et le bruit de cet épouvantable tumulte était tel qu'il nous était impossible de nous entendre. Après un jour presque entier, un jour qui nous parut sans fin, le vent s'abattit tout-à-coup et nous pûmes respirer.

Les eaux du fleuve s'élevèrent encore durant la nuit : nos embarcations se trouvèrent à flot quoiqu'elles eussent été jetées sur les bords. Les eaux rougeâtres arrivaient chargées d'arbres, d'animaux noyés. Les arbres nous servirent à réparer nos radeaux, travail auquel nons nous livrâmes au milieu d'une épaisse couche de limon que l'ardeur du soleil dessécha bientôt ; mais presque tous nos gens subirent les fâcheux effets de ces émanations délétères. Une dyssenterie les abattit et leur ôta leurs forces. Le fourrage nous manquait ; celui dont nous avions fait provision se trouvait avarié, le troupeau refusait d'y toucher. Il fallut avoir recours aux feuilles des arbres pour le nourrir, et ce ne fut pas pour nous un petit surcroît de travail. J'employai contre la dyssenterie le seul remède que j'eusse à ma disposition, une diète sévère et de l'eau potable que nous allions chercher à une source trouvée dans les bas-fonds de la plaine. Nous restâmes huit jours entiers dans ces parages, et quand il fallut reprendre notre course sur le fleuve rentré dans son lit, nos gens étaient à peine rétablis, nos provisions en partie avariées et notre troupeau de moutons réduit à quinze têtes. Ce départ ne fut pas joyeux et plein d'espérance comme celui qui l'avait précédé. La souffrance physique et morale avait assombri nos caractères; les causeries, si précieuses en bateaux, avaient cessé, et nous nous renfermions en nous-mêmes, nous nourrissant de nos appréhensions, et nous faisant, du reste du voyage, un tableau anticipé, mais désolant. Le vigoureux tempérament d'Yves, sa force extraordinaire, ne l'avaient point mis à l'abri de la maladie ; au contraire, il en fut si maltraité que nous désespérâmes de lui.

Dans les circonstances exceptionnelles où nous nous trouvions, on ne demandait pas : quel est cet homme, d'où sort-il, que possède-t-il? Mais ce qu'il avait de force et de courage, d'utilité pour la troupe faisait ses seuls titres, et ils en valaient bien d'autres. Après moi, Yves était l'homme le plus respecté et le plus aimé. Sa mort nous eût tous affligés et eût été pour nous une perte irréparable.

Je suis porté à croire que les soucis et les inquiétudes contribuèrent à me préserver de la maladie, que je prévins d'ailleurs par un régime sévère.

Nous allions traverser les contrées les plus peuplées que nous eussions encore vues, c'est-à-dire courir les plus grands dangers, car, chez le sauvage comme chez l'homme de la civilisation, l'homme est le plus dangereux ennemi de l'homme ; il y a des armes plus meurtrières que la flèche et la zagaie.

Les contrées étaient basses, presque partout en plaines, couvertes de superbes massifs d'arbres, et parcourues par de nombreuses peuplades. Les cases plus élevées, mieux entourées de jardins, prouvaient une civilisation plus avancée que celle des peuplades que nous avions déjà vues. Nous aperçûmes, pour la première fois, des ânes et des chiens. J'en conclus que ces peuplades avaient des relations de commerce avec d'autres nations qui commerçaient sur les bords de la mer. Je me trompais dans mes conjectures, comme on le verra par la suite de ce récit, car l'âne est originaire de l'Afrique, où l'on trouve le zèbre, qui ne diffère de l'âne que par sa robe admirablement rayée.

Nos radeaux excitèrent de la surprise, même de l'inquiétude; je ne pus en juger par les précautions que je voyais prendre sur les bords du fleuve. On en retirait les pirogues et les petits canots, et des troupes nombreuses nous suivaient, comme pour empêcher toute descente à terre de notre part. Toutes nos avances furent en pure perte, on y répondait à coups de zagaie ou par des flèches. Nous avions cependant besoin de fourrages, et les belles plaines que nous avions sous les yeux nous tentaient horriblement. Soudain nous vîmes le fleuve s'étendre et se partager en deux courants, qui embrassaient une véritable île, couverte de beaux arbres et d'une magnifique verdure. Les radeaux furent dirigés vers la pointe de l'île, amarrés sans que les naturels qui étaient dans l'île y missent obstacle, et nous fîmes débarquer nos troupeaux affamés. Les nègres se retiraient devant nos gens, et semblaient nous laisser le champ libre. Nous en profitâmes pour nous approvisionner de fourrages, et, en quelque sorte, pour en payer le prix aux naturels, nous déposâmes des présents à leur portée. Ils n'y touchèrent point, ne commirent aucun acte hostile, mais se tinrent toujours à l'écart, et hors de la portée de nos fusils, ce qui me fit soupçonner qu'ils en connaissaient l'usage.

Cette réserve, qui, sans être hostile, ne prouvait pas cependant des intentions pacifiques, nous fit redoubler de vigilance dans les veilles de la nuit. La quantité de fourrages recueillie pouvait suffire pour deux jours. Je crus prudent d'abandonner cette station et de continuer notre voyage. Tout fut donc préparé à bord des radeaux pour partir au milieu de la nuit; durant le jour les naturels pouvaient nous assaillir dans les passages étroits, et nous forcer encore à répandre le sang.

Je revenais, dans le petit canot que nous avions à bord de notre barque, de visiter le grand radeau et de recommander plus de surveillance que jamais, lorsque, en jetant les yeux sur un des bras du fleuve, je crus voir une pirogue s'allonger comme un serpent entre les deux courants. Je fis appeler un de nos marins remarquable par la clairvoyance de ses yeux. Il se pencha sur le bord du petit canot, de manière que son regard pouvait raser la surface de l'eau.

— Je vois, me dit-il, une pirogue et des hommes accroupis dedans; la pointe se tourne vers les radeaux.

Nous entrâmes sans bruit dans la chaloupe; les lumières furent éteintes, et tous les hommes, le fusil à la main, se placèrent le long des bordages, sans les dépasser. La même précaution fut prise sur le radeau des bagages et sur le troisième. La pirogue ne reparaissant plus, mon marin explora les rives de l'île, couvertes de joncs et de hautes herbes.

— Voyez, me dit-il à voix basse, les roseaux se courbent, la pirogue avance à leur abri. A l'instant nous entendîmes des aboiements sur la plaine. Il y avait donc des gens éveillés et en mouvement.

— Ils sont à vingt pieds de nous, me dit le marin; entendez-vous ce clapotement irrégulier? ce n'est pas celui du fleuve. Les grands arbres des bords de l'île jetant une ombre épaisse sur les roseaux, j'entendis le clapotement, mais je ne vis pas les roseaux se courber, comme mon compagnon le distinguait. Il y eut un repos, plus de clapotement, et les roseaux restaient immobiles.

— Ils écoutent, me dit le marin. Enfin, il désigna du doigt un point mobile que je pus distinguer.

— Les voyez-vous? me demanda-t-il. Effectivement, la pirogue, sortie d'entre les joncs, glissait vers notre avant. Nous restâmes silencieux; une lame la poussa contre notre chaloupe, qu'elle heurta légèrement; encore un instant d'un profond silence. Je les voyais, les uns couchés, les autres accroupis dans la pirogue; un seul se tenait debout et tâchait de s'accrocher à notre bordage. Nous le laissâmes tâtonner jusqu'à ce qu'il eût trouvé un des barreaux du haut bord. Il le saisit d'une main, cette main était à quelques pouces de la mienne; il s'accroche avec l'autre, puis grimpe sur le revers du bord et descend sans bruit dans la chaloupe. Il fut tellement saisi par la peur quand nos bras l'enlacèrent, qu'il ne poussa pas un cri.

Ses camarades purent seulement entendre le bruit de nos efforts pour le terrasser. Ils prirent le large et glissèrent comme des caïmans dans le courant du bras gauche du fleuve. Nous transportâmes le prisonnier dans notre grande cabine et rallumâmes la lampe. C'était un jeune homme, grand, robuste. Il avait au côté de la pagne un instrument semblable à une courte massue.

L'effroi de ce malheureux prisonnier, qui s'attendait sans doute à être massacré, ne put être apaisé par notre attitude calme et plutôt bienveillante qu'irritée. Il usait d'un droit légitime en venant observer des étrangers qui inspiraient des craintes à sa nation; et si dans la guerre on tue les espions surpris dans le camp, la raison de défense légitime n'autorise pas, aux yeux des sauvages, cette punition : tel fut mon raisonnement. Je voulus encore profiter de cette capture pour tâcher de nous concilier l'amitié de ces peuplades. L'heure fixée pour le départ était proche ; tout le monde mit la main à l'œuvre, et bientôt notre chaloupe, remorquant les deux radeaux, entra dans le courant du bras du fleuve qui nous parut le plus large. Il était fort peu rapide, et finit bientôt par être insensible. La cause nous en fut connue quand une secousse de la chaloupe, dont nous hâtions la marche avec nos rames, nous annonça qu'elle labourait le fond.

Les deux radeaux vinrent se heurter l'un contre l'autre, et nous reconnûmes que les eaux étaient trop basses pour nous remettre à flot. Ce bras du fleuve se perdait dans un vaste marais, qui nous parut sans issue comme il était sans profondeur. Je tâchai alors de tirer quelques renseignements du prisonnier, que je ne voulais renvoyer que lorsque nous serions sortis d'entre des rives trop rapprochées ; mais ni les signes ni les gestes ne purent rien en obtenir.

Je commis la généreuse imprudence de lui faire signe qu'il pouvait retourner parmi les siens. Il le comprit fort bien, descendit dans l'eau, qui ne lui arrivait pas à mi-cuisse, et nous prouva ainsi que nous ne pouvions sortir d'embarras qu'en remontant le bras du fleuve et tentant la descente par l'autre. Il était grand jour quand nous arrivâmes à notre premier ancrage. Nous pûmes alors comprendre le danger de notre position. L'île, les deux bords du fleuve étaient littéralement couverts d'hommes armés. Ils commencèrent à nous saluer par des clameurs épouvantables, puis par lancer toute espèce de projectiles, bientôt suivis d'une multitude de pirogues chargées d'hommes armés.

Le grand radeau qui portait le troupeau se trouvait le plus voisin de la rive. Ils l'assaillirent avec fureur, et s'y jetèrent en si grand nombre, que nos gens, après leur décharge, furent obligés de se replier vers le second radeau, sur lequel ils passèrent. Plusieurs étaient blessés. Les nègres commirent l'imprudence de chercher à le détacher du second radeau, et s'exposèrent ainsi à nos balles. Deux décharges habilement dirigées leur firent comprendre la puissance de nos armes. Un grand nombre se jeta à l'eau et dans les pirogues ; mais comme il en restait encore sur le radeau, vingt-cinq hommes y passèrent pour les en expulser, et ce fut l'affaire d'un instant. Le nombre des pirogues augmentait de minute en minute, toute la population était réunie pour notre extermination.

Je rappelai tous nos gens dans la grande chaloupe et les postai dans les cabines, où ils étaient à l'abri des traits et pouvaient tirer sur toutes les pirogues qui s'approcheraient des radeaux. Notre feu fut si vif, les assaillants perdirent tant de monde que leur ardeur en fut ralentie. Ils s'éloignèrent, mais toujours menaçants.

Nous avions emporté du navire naufragé deux anciens fusils de siége, dont nous n'avions point fait usage jusqu'alors. Ils furent chargés chacun de cinq balles, et pointés sur la rive où la foule était le plus serrée. La distance pouvait être d'une portée et demie de fusil, et de trois portées de flèche. Les balles arrivèrent à leur destination, tuèrent ou blessèrent un grand nombre de noirs, et les effrayèrent plus que nos décharges, auxquelles ils commençaient à s'habituer. L'attaque se ralentit et cessa bientôt. Nous approchâmes nos embarcations du rivage, et achevâmes de les nettoyer à une grande distance. Les uns proposaient de nous abandonner à l'autre bras du fleuve, les autres voulaient opérer une descente à terre et charger les ennemis avec vigueur, afin de les terrifier et nous ouvrir un libre passage.

Une chose m'inquiétait; ce bras du fleuve pouvait, comme l'autre, se perdre dans un marais impraticable... A tout hasard nous employâmes ces deux expédients; soixante hommes se jetèrent à terre, se divisèrent en trois troupes, et pourchassèrent les ennemis avec vigueur; le reste, posté dans les cabines, faisait feu sur les noirs de l'île qui se mettaient à découvert, et nous descendîmes ainsi durant environ trois heures, trouvant toujours une eau profonde et rapide. L'autre branche servait à inonder des rizières, et avait dû être creusée de main d'homme.

Nous descendions si rapidement, que je m'aperçus, un peu tard, que nos tirailleurs, qui écartaient les ennemis, se trouvaient déjà loin de nous. Nous voulûmes retarder la marche des embarcations, ce fut impossible ; nous avions assez à faire pour les empêcher de se heurter les unes contre les autres.

La fusillade se fit entendre plus vive, je jugeai que l'ennemi revenait à la charge, et craignis que les nôtres ne fussent à bout de leurs munitions. Au risque d'éprouver des avaries, je portai vers la rive ; mais les deux radeaux, emportés par le courant, continuèrent de descendre, et faillirent nous entraîner avec eux. Le lien qui tenait le grand attaché au second se rompit, et il s'en alla rapidement en aval.

Il valait mieux risquer de perdre notre troupeau que nos gens ; je me hâtai de descendre à terre avec tous les hommes disponibles. Quand je rejoignis nos tirailleurs, ils battaient en retraite, faute de poudre, et étaient exposés aux traits des ennemis, que cette retraite enhardissait. Ils emportaient quinze blessés. La douleur, la rage que je ressentis à cette vue m'exalta. Je formai un carré de quatre hommes de profondeur, et me lançai sur les plus proches ennemis, la baïonnette en avant. Il y eut bientôt un massacre épouvantable.

Les nègres, poussés en avant par ceux qui arrivaient par derrière, ne pouvant faire usage de leurs armes, tombaient sous nos baïonnettes comme les épis sous la faulx du moissonneur ; mais la foule devenait de plus en plus compacte, parce que ceux des derniers rangs, n'entendant plus les détonations qui les effrayaient, se pressaient pour prendre part au combat. Quand tout un rang était percé de coups, il fallait refrapper en hâte pour ne pas être englouti dans cette masse d'hommes. Yves se surpassa dans ce combat acharné : ne pouvant manœuvrer son arme favorite, il se jeta dans la foule, son large coutelas à la main, et y fit une trouée comme l'eût fait un boulet ; puis il se portait à droite, à gauche, ouvrant les poitrines, taillant des bras, fauchant des têtes. C'était admirable et horrible à voir. Les deux derniers rangs eurent le temps de recharger leurs fusils et recommencèrent la fusillade. Ce fut le signal de la fuite, et nous pûmes ralentir nos coups.

Nous marchions en réalité sur un plancher de morts et de blessés ; je n'ai jamais vu un tel carnage en si peu de temps. Si j'avais cédé à l'entraînement des nôtres, nous aurions poursuivi l'ennemi ; mais la pitié m'avait saisi à la vue de ce champ de carnage, de ces blessés qui poussaient des cris, et de ces cadavres noirs baignés dans le sang.

Nous nous retirâmes à pas lents et épuisés de fatigues. Nous eûmes vingt-trois blessés en y comprenant les premiers ; un seul succomba le soir même. C'était avoir acheté trop cher une victoire, aussi nous ne nous livrâmes point à la joie du triomphe, et passâmes-nous tristement le reste de la journée.

Nous reçûmes la nouvelle, par un des hommes du radeau emporté par le courant, que ce radeau était en sûreté dans une anse du fleuve.

Le jour suivant, pas un seul nègre ne parut dans les environs; nous en profitâmes pour fourrager, puisque nous avions encore notre troupeau, et pour descendre nos blessés à terre. Un des nôtres s'avança jusqu'au lieu où s'était livrée la bataille; les nègres avaient enlevé leurs blessés et leurs morts; ils n'avaient vu que des campagnes désertes.

Nous essuyâmes sur le soir une pluie torrentielle de peu de durée, mais qui, en rafraîchissant l'air, redonna de la vigueur à nos corps, et ranima les blessés. Deux nègres apparurent dans les halliers; nos gens ne les inquiétèrent point. La nuit fut calme, nous reprîmes notre route et atteignîmes le radeau quelques heures après le départ.

Le pansement des blessures, avec du suif et des compresses d'eau-de-vie, eut de bons résultats; nos blessés s'en trouvèrent bien, et ils purent manger un de nos moutons qui était en très bon état. Le régime du lait hâta la cicatrisation des blessures; nous eûmes la satisfaction de les voir tous hors de danger le quatrième jour. J'ai oublié de dire que nous avions enterré notre malheureux camarade sur le bord du fleuve, au pied d'un grand figuier, sur l'écorce duquel nous gravâmes son nom, son genre de mort et l'époque de notre passage.

Il me tardait d'arriver, soit aux bords de la mer, où nous pourrions avoir des navires en vue, soit à quelque comptoir européen, que je supposais devoir être établi à l'embouchure du fleuve.

Le pays était redevenu désert, aride, privé d'arbres et de verdure; nous donnions des roseaux broyés à nos troupeaux; la faim les leur faisait dévorer. Je reconnus que les monstres amphibies que j'ai jusqu'ici désignés sous le nom de caïmans étaient de véritables crocodiles. Nous en voyions tous les jours; la nuit ils nous fatiguaient de leurs glapissements.

A une de nos stations, au milieu d'une contrée déserte quoique bien boisée et assez fertile, j'eus la fantaisie de descendre à terre et de me livrer à l'exercice de la chasse. J'avais vu des antilopes et des animaux que les Hollandais nomment springsbocks. Yves et quatre autres hommes furent de la partie. Pendant ce temps-là nos troupeaux paissaient à quelque distance des embarcations, et nos convalescents, à l'abri d'une tente, se reposaient de l'ennui d'une navigation monotone. Un antilope blessé et que nous suivîmes dans les bois, nous écarta de notre station, et nous fit faire tant de tours et de détours que nous ne pûmes retrouver notre chemin pour le retour. Pour comble de contrariété, le ciel fut voilé par des nuages, et, quand la nuit s'étendit sur la solitude, on ne voyait pas une étoile au ciel. L'antilope et le peu de provisions que nous avions emportées nous firent un souper réconfortant, après lequel la fatigue nous obligea de chercher un gîte pour passer la nuit, car il eût été imprudent de marcher dans les ténèbres. Un grand arbre étendait de grosses branches à douze ou quinze pieds de la terre; Yves y grimpa, coupa quelques branches pour faire des supports, et, courbant les autres, nous fit une véritable hutte aérienne.

Un fagot d'herbes sèches, étendu sur ces rameaux, nous fit une couche assez moelleuse pour y trouver le bien-être, si agréable après une rude fatigue. La nécessité avait rendu nos gens industrieux; en un instant ils eurent si artistement enlacé de hautes herbes au-dessus de nos têtes et autour de nous, que nous étions comme les oiseaux du ciel à l'abri de toutes les intempéries de la nuit. Chacun de nous s'y arrangea de son mieux, et, après avoir fermé l'entrée, nous nous endormîmes pleins de sécurité, de ce sommeil que procure une vie active. Je fus le premier éveillé, et quel ne fut pas mon effroi en voyant un serpent d'une certaine grosseur, enlacé autour de la cuisse du brave Yves, et la tête appuyée sur son ventre. Je tirai mon coutelas et le glissai doucement entre le serpent et les vêtements de mon compagnon, puis par un mouvement rapide, je séparai la tête du corps, mon arme était bien affilée. Le reste du corps fit sentir à la cuisse d'Yves une étreinte telle qu'il en fut éveillé bien plus que par le mouvement que je venais de faire. A la vue de cet étrange lien, Yves, qui avait combattu le roi des solitudes sans frissonner, trembla, pâlit et perdit presque connaissance; nous le débarrassâmes de cet objet d'horreur, devenu inoffensif, et le jetâmes hors de notre retraite.

La vie de ces reptiles est excessivement tenace, car lorsque nous descendîmes de l'arbre le corps et la tête s'agitaient encore sur les herbes. C'est aux herbes que nous devions cet étrange compagnon. Je me rappelai que dans mon enfance les laboureurs, qui emportent les lisières des bois, introduisent souvent, dans leurs étables, de pareils hôtes, moins dangereux, il est vrai, que ceux des climats brûlants.

— C'est plus fort que moi, nous dit Yves, encore effrayé, la vue d'un serpent me glace d'effroi, celle du lion me donne de l'audace.

Nous débusquâmes un sanglier, je dis sanglier car c'est à cet animal que ressemble cette bête que nous n'avions point encore rencontrée en Afrique, et nous eûmes le bonheur de l'abattre. Enfin, en cherchant notre route, nous aperçûmes, dans une des nombreuses rizières qui sillonnent ces forêts, une certaine quantité de huttes, hautes de plusieurs pieds. A l'entrée d'une, Yves vit son ennemi, le serpent, non celui dont j'avais si heureusement tranché la tête le matin, mais un grand et gros serpent qui succombait sous les attaques de millions de fourmis, se roulant, se tordant et dardant sa longue queue. Les braves fourmis lui dévoraient les yeux, s'attachaient à la langue venimeuse et s'introduisaient jusqu'entre ses crochets remplis de poison actif.

Un des nôtres voulut hâter leur victoire et sépara le serpent en deux ; mal faillit nous arriver de porter aide à qui ne le demandait pas : les légions innombrables de ces insectes tournèrent leurs attaques contre nous, avec un accord, un ensemble qui fit croire qu'elles obéissaient aux ordres d'un chef. Nous déguerpîmes et fîmes bien, car déjà nos chaussures, nos jambes se couvraient d'ennemis, qui montaient à l'assaut de nos personnes : les huttes étaient des fourmilières.

Enfin, sortis des labyrinthes des bois, il nous fut facile de descendre dans la vallée et de suivre le cours du fleuve, jusqu'à la halte de nos gens, fort inquiets de notre longue absence. Les quartiers presque entiers du sanglier, sa hure et son échine nous firent un véritable régal. La chair fut trouvée excellente, et la graisse nous servit à assouplir les courroies desséchées de nos gibernes et les cuirs de nos chaussures. Je n'ai point parlé de celles-ci ; lorsque les nôtres avaient été usées, corrodées par la chaleur, l'industrie y avait suppléé et façonné des souliers-guêtres tout-à-fait commodes pour la marche et pour préserver les jambes des épines.

A notre grand étonnement, je dois dire aussi à

notre grande satisfaction, une députation des nègres que nous avions si rudement traités nous arriva. Leurs intentions pacifiques se manifestèrent par les présents en fruits, racines, volailles, qu'ils nous offrirent humblement. D'un bout de la terre à l'autre, la raison du plus fort est toujours la meilleure; et, quelle que soit la violation du droit, la victoire trouve toujours des flatteurs pour la glorifier.

Je soupçonnai que notre séjour prolongé les inquiétait, et que, ne pouvant nous chasser, ils cherchaient à obtenir notre amitié.

Nous ne restâmes pas en reste de politesse avec ces amis si subits; nous leur fîmes présent de toutes les ferrailles qui nous étaient inutiles, ce qui leur servit plus que des bijoux précieux. Ils en furent enchantés.

Je regrettai bien amèrement qu'ils n'eussent pas pris plus tôt ces moyens pacifiques. Bien des vies eussent été épargnées, et notre pauvre camarade, qui avait souffert avec nous les peines, les fatigues d'un long voyage, qui, comme nous, avait espéré revoir sa patrie, dont le souvenir est si doux sous des cieux étrangers, ne serait pas livré aux insectes du désert, ou peut-être aux dents hideuses des hyènes farouches.

Quand nous reprîmes notre navigation, je fus étonné, en relevant la hauteur du soleil, que nous eussions fait si peu de chemin; c'est que le fleuve se courbait et revenait presque à l'extrémité de la plaine où s'était livré notre sanglant combat. Alors je compris que les nègres, apprenant notre arrivée sur un autre point de leur territoire, avaient voulu détourner la vengeance à laquelle ils s'attendaient.

La direction du fleuve tendit brusquement vers le midi, à travers des déserts continuels, n'offrant de végétation que sur les rives les plus basses ; il contourna ensuite de hautes montagnes et prit la direction du sud-ouest, baignant des contrées fertiles, abondantes en troupeaux, en bêtes fauves et en singes de toutes grandeurs qui pullulaient sur les arbres des rives, nous regardaient passer en grimaçant et nous lançant souvent des fruits ou des tronçons de rameaux.

Ces malignes bêtes nous jouèrent plus d'un tour, quelquefois plaisants, mais souvent fort désagréables. Durant une de nos haltes, un de nos blessés, dont le visage avait été labouré par un sabre en pierre tranchante des nègres, s'était assis au pied d'un arbre où il fut pansé. Il eut le malheur de s'endormir : les singes descendirent et lui appliquèrent sur la figure des emplâtres de feuilles souillées d'ordure. Ils avaient pris l'onguent pour des excréments. Peut-être aussi les chirurgiens de leur race emploient-ils cet étrange onguent. Nous ne pouvions laisser sans surveillance les mets que nous préparions à terre ; ils volaient tout, gaspillaient tout... jusqu'au linge que nous étendions sur les halliers pour le sécher ou l'aérer.

Deux matelots se baignaient sous des arbres, dans une petite anse; les singes enlevèrent tous leurs vêtements et les suspendirent aux rameaux des arbres les plus élevés. Ils furent obligés de revenir nus au campement. Un de nos cuisiniers, obligé de s'éloigner des broches où rôtissaient nos viandes, trouva le tout au milieu du brasier et flambant comme une torche allumée... Nous ne trouvions plus de fruits, ou si, par hasard, nous pouvions nous en procurer quelques-uns, il fallait ne pas les perdre un instant de vue.

J'avais défendu de tirer sur ces maudits animaux, malgré tous les désagréments qu'ils nous causaient, afin d'épargner notre poudre; cependant nos gens voulurent se venger de leurs malices et de leurs pilleries... Ils suspendirent une petite corde à deux branches, firent au milieu un nœud coulant, et, passant alternativement la tête dans ce nœud, leurs camarades faisaient le semblant de serrer fortement les deux prolongements du nœud; ce jeu simulé avait ses spectateurs accoutumés : messieurs les singes, sautant d'arbre en arbre, se grondant, grimaçant et remplissant le bois de leurs cris et glapissements.

Nos gens se retirèrent à distance, et nos singes de sauter à terre et de passer la tête dans le nœud coulant; deux le firent en même temps; la foule de se mettre à tirer sur la corde... Le spectacle devint plus que comique, les deux singes pris au piége commencèrent à crier et à s'en prendre l'un à l'autre... Les ongles des pattes jouèrent activement, les dents aussi... Les spectateurs de se mêler à la partie; on voyait des queues en l'air, des dos onduler, des têtes monter, descendre, et, au milieu de tout cela, un véritable ouragan de criailleries.

Les nôtres s'approchèrent pour savourer leur vengeance; il fut heureux pour eux qu'ils fussent armés, car la troupe furieuse, en train de se battre, se tourna contre eux. Peut-être ces animaux comprenaient-ils qu'ils leur avaient tendu un piége, et voulaient-ils aussi se venger. Un coup de feu, plusieurs coups de coutelas les firent regagner les arbres. Les deux pendus se tordaient pendant ce temps-là et se serraient davantage le cou. Par un sentiment de pitié on coupa la corde, et ils s'enfuirent comme s'ils étaient ivres, chancelants et incertains dans leur marche. Un d'eux emportait autour du cou le fatal lacet. Nous ne les revîmes plus, à notre grande satisfaction.

Le temps devint mauvais, les pluies étaient continuelles, et les eaux du fleuve s'élevèrent si prodigieusement que toutes les terres basses formèrent des lacs; lorsque son cours était resserré entre des gorges, il avait une effrayante rapidité. C'était courir risque d'être mis en pièces sur les rochers, que de tenter une continuation de voyage avec de telles difficultés; mais, d'un autre côté un séjour prolongé dans ces contrées nous exposait aux maladies si communes dans les lieux submergés, et nous faisait perdre un temps précieux.

Nous avions des provisions qui, avec les produits de nos chasses et de la pêche, pouvaient suffire pour trois mois encore ; mais la lenteur du voyage, les obstacles imprévus ne permettaient pas d'en calculer la durée. J'étais vraiment dans de cruelles anxiétés. Après y avoir mûrement réfléchi, et avoir consulté notre troupe, que j'appelai ce jour-là en conseil, il fut trouvé nécessaire de continuer la navigation : les radeaux furent renforcés, les précautions les plus minutieuses prises pour le voyage, et, presque à regret, je donnai le signal du départ.

Je ne sais s'il y a dans l'homme une faculté, une puissance qui le met en relation avec l'ensemble de la nature ; si les destinées sont irrévocables, et si cette puissance peut les pressentir, je ne le sais ; mais je puis affirmer qu'il n'est pas arrivé, dans le cours de ma vie, un événement qui l'a profondément agitée sans que j'en aie eu quelque pressentiment. La Providence dirige les événements humains, mais comme ses desseins ne peuvent être à la portée de l'intelligence humaine, il est peut-être permis de croire qu'elle permet quelquefois à l'homme de pressentir l'avenir. Mon âme était triste; le courage défaillait, cependant j'avais vu l'avenir le plus sombre sans fléchir ; cette fois je fléchissais, je me trouvais vide d'espérance. Quand l'homme n'a plus confiance en lui-même, il est bien faible. Je l'éprouvai comme par instinc; j'admis Yves dans mes confidences... Cet homme, d'une trempe d'âme remarquable, qui comptait sur ses forces, qui trouvait dans cette confiance une sécurité peu ordinaire, avait le cœur bon, une âme susceptible d'attachement, et une délicatesse de sentiments que l'on n'eût pas soupçonnée sous sa rude et froide enveloppe. Il me servit admirablement.

Emportés comme des flèches sur un courant écumeux, nos radeaux descendirent durant quelques heures sans éprouver de grandes avaries; mais tout-à-coup nous entendîmes un murmure, un grondement lointain, semblable à celui des grandes eaux se précipitant en cataracte.

Nous arrivions à une chute... nous étions perdus s'il était impossible d'arrêter les radeaux. Après des efforts inouïs, nous poussâmes la chaloupe entre deux pointes de rochers, mais il nous fut impossible d'arrêter les radeaux; pour ne pas être entraînés, nous coupâmes le câble, et les gens qui les montaient eurent à peine le temps de sauter dans la chaloupe : bestiaux, bagages, tout fut emporté par la violence du courant. Notre position devint bientôt si dangereuse, qu'il fallut sauter sur les rochers, y attacher des câbles, et, par prévoyance, y transporter ce qu'il y avait de plus nécessaire dans la chaloupe : armes, munitions, provisions, bagages, tout était entassé pêle-mêle, à la hâte, sur des pointes de rochers, et nous voyions les eaux monter et menacer de tout emporter. La pluie nous inondait, l'eau nous menaçait, les vents soufflaient avec violence... L'instinct de la conservation soutenait notre courage, et les ballots se hissaient, l'un après l'autre, sur des points plus élevés, à l'abri du gonflement du fleuve. La barque était presque vide ; cet allégement de poids la livrait aux ballotements des vagues... Nous la vîmes partagée en deux, et ses débris flotter au milieu des flots d'écume. Nous perdions en quelques heures ce qui nous avait coûté tant de peines, ce qui pouvait justifier nos espérances de retour en notre patrie.

La nuit se passa sous un avancement de rochers qui nous préservait un peu des eaux torrentielles ; chaude et humide, elle nous pénétrait jusqu'à la moelle des os. Le lendemain, trois des nôtres expirèrent de fatigue et de privations ; dans cette circonstance nous n'avions point songé à prendre de la nourriture. Nous récitâmes sur eux des prières, et, pour faire place aux vivants, nous laissâmes les morts glisser le long du fleuve, qui les engloutit... Les corps reparurent à la surface écumante, et un cri de douleur sortit de nos poitrines... Peut-être qu'un pareil sort nous attendait.

A force de tentatives, Yves atteignit un rocher plus élevé, y cramponna une corde, et la journée entière fut employée au transport des débris de notre second naufrage. Les hommes montèrent après. Si nous n'avions plus à craindre la fureur des eaux, d'autres dangers nous attendaient... Les plaines n'offraient à nos yeux qu'une surface inondée, au-dessus de laquelle les buissons élevés, les arbres se montraient en massifs nombreux... Les pentes des rochers profondément crevassés pouvaient offrir des abris, mais non des provisions... Un de ces abris fut choisi pour retraite et un nouveau travail y transporta notre bagage. Enfin nous pûmes penser à nous; mais, quand nous nous comptâmes, trente-trois hommes nous manquaient. Nous prîmes en silence un peu de nourriture, et chacun se retira dans un coin de cette caverne et se livra à l'amertume de ses réflexions.

Yves était descendu jusqu'aux eaux et nous apporta deux chevreuils qu'il avait assommés dans les abris qu'ils avaient cherchés contre l'inondation.

Il fallait sortir de cette position ou se résigner à y mourir de faim. Ce fut encore Yves qui en chercha les moyens. Armé d'une grande perche, il descendit dans l'eau, sondant la profondeur, et atteignit le premier massif d'arbres. Les eaux ne lui allaient pas à la ceinture; dès qu'il fut reconnu que le terrain allait en s'élevant vers les racines des montagnes que nous voyions devant nous, il jugea le trajet possible et revint nous en prévenir. Nous fîmes alors de petits ballots de nos bagages et résolûmes de tenter le transport le jour suivant.

La pluie avait cessé, les eaux baissaient, et un soleil de feu inondait la contrée... Nous eûmes le bonheur de tout transporter en lieu sûr et à l'abri de toute inondation.

Une revue de ce qui nous restait nous fit vivement sentir les pertes que nous venions de faire. Heureusement que nous avions sauvé une grande quantité de munitions, et les ustensiles les plus nécessaires, que j'avais eu soin de mettre sur la chaloupe. Les fusils et les coutelas pouvaient servir à armer un plus grand nombre que ceux qui m'accompagnaient. Quant aux provisions de bouche, les seules outres pleines de chair hachée nous restaient avec une petite quantité de biscuit. Nous pouvions continuer notre voyage, mais avec moins de chances de succès que lorsque nous avions notre troupeau et nos chariots.

— Il faut suivre le cours du fleuve, nous dit Yves, peut-être retrouverons-nous quelques débris, que sais-je; je crois mon conseil bon.

Il fut adopté, et nous nous mîmes en route, chargés à plier sous le fardeau. Le malheur avait retrempé mon énergie ; je songeai à la possibilité de construire un nouveau radeau au-dessous de la chute d'eau, à l'aide des arbres et des roseaux qui continuaient à border les rives du fleuve.

Soit que le pays fût désert, soit que les populations se fussent retirées sur les hauteurs, pas une âme vivante ne se montra sur notre route, et nous atteignîmes vers la fin du jour, après une marche qui nous avait épuisés, le lieu où la chute d'eau tombait, dans un vaste bassin presque circulaire, de la hauteur environ de quinze pieds. Quelle ne fut pas notre joie de voir flotter sur les bords tranquilles de ce bassin nos deux radeaux presque entiers, et de retrouver plusieurs de nos compagnons avec une partie de notre troupeau.

De l'accablement nous passâmes à la confiance. Notre rencontre fut délirante ; c'étaient des amis morts qui ressuscitaient pour nous ; des biens engloutis dans l'abîme que la Providence retirait de l'abîme pour nous les rendre. Les premiers transports passés, nous nous jetâmes à genoux pour remercier la bonté de Dieu d'une protection si manifeste, et, pleins de courage, d'ardeur, d'espérance, nous rassemblâmes les débris de nos radeaux, et reprîmes aussitôt leur construction. La pesanteur du fond et la légèreté des bordages avaient contribué à les maintenir à flot, malgré le saut qu'ils avaient fait, et, comme nos bagages y étaient solidement attachés, ils n'avaient point été emportés...

Mais tout était humide ; les provisions contenues dans les tonneaux fermés se trouvèrent seules intactes.

Les environs du bassin offraient un sol aride, pierreux, couvert çà et là de petites masses de plantes épineuses, d'espèces de fougères, et d'autres productions de pareils sols. Nos troupeaux les broutaient, tant ils étaient affamés. Nos compagnons nous racontèrent que ces pauvres animaux s'étaient sauvés à la nage et réunis autour d'eux... Cinq hommes avaient cependant été noyés, ce qui tempéra la joie de de notre réunion.

Il fallut se remettre au travail, pourvoir à notre nourriture, pour ne pas entamer le peu de provisions qui nous restaient, et celles de nos bêtes.

Des chasseurs s'avancèrent dans la contrée, d'autres conduisirent notre troupeau à travers des massifs d'arbres que nous découvrions dans le lointain ; je restai avec les autres pour hâter le travail des radeaux.

Nous ne retrouvâmes de notre barque que les bordages, les débris des cabines ; soit que le reste eût été brisé sur les rochers, ou se fût trouvé après la chute dans la direction du courant qui l'avait emporté.

Ce bassin fourmillait de poissons de toutes grosseurs et nous fut d'une grande ressource durant tout le temps que nous employâmes à réparer nos radeaux. Les chasseurs revinrent avec deux chevreuils, un antilope, et plusieurs petits animaux dont je ne savais pas le nom. Plusieurs hippopotames se montrèrent, mais ils étaient si farouches qu'ils plongeaient au moindre bruit.

Les crocodiles peuplaient le cours inférieur du fleuve, nous n'en vîmes pas un seul dans le bassin, où se montraient les hippopotames. Pour la première fois nous aperçûmes un oiseau qui planait au-dessus de nos têtes; nous crûmes que c'était un aigle. Malgré l'aspect sauvage de cette contrée, elle nous offrit des ressources inattendues en fruits et en racines que nos bestiaux s'acharnaient à arracher de la terre desséchée; c'est ce qui nous donna l'idée de les goûter. Elles avaient une saveur douce, presque sucrée, et étaient plus grosses que les navets d'Europe.

La vie active et presque sauvage que nous menâmes ne nous parut point sans charmes; il y avait une jouissance singulière à se retrouver le soir réunis. Les chasseurs nous racontaient les accidents de la journée, les pâtres ce qu'ils avaient vu, découvert; le repas se prenait gaiement, et le sommeil de la nuit était profond, quoique le désert aït toujours ses dangers.

Un soir plusieurs éléphants se montrèrent dans la contrée; il y avait deux femelles et un petit. En me rappelant ce que j'avais vu aux Grandes-Indes à mes précédents voyages, et les services que tiraient les Hindous de ces puissants animaux, l'idée me vint de tenter la capture de l'un d'eux. Je savais combien il était facile d'apprivoiser cet animal intelligent. Cette idée m'occupa toute la nuit; dès avant le lever du soleil, je fis reconnaître les traces des éléphants; elles sont faciles à retrouver: les arbres sont dépouillés de toutes les branches qui se trouvent à la portée de leur trompe, et le sol est couvert du bois des rameaux dépouillés de feuilles et d'écorce. La troupe ne s'était point éloignée et paraissait devoir séjourner quelque temps dans une contrée solitaire où les pâturages, et surtout les arbres, se trouvaient en abondance. Il faut à ces animaux d'énormes quantités d'herbes et de feuilles. Ils assouvissent aussi leur faim avec les roseaux et d'autres plantes qui croissent sur le bord des eaux.

Dès que je crus avoir l'espoir qu'ils ne s'éloigneraient qu'après avoir épuisé la contrée, avec trente hommes armés de bêches et de pioches, nous fîmes un grand détour pour ne pas être découverts par les éléphants, et cherchâmes des massifs convenables à leur nourriture et à leur repos. Ensuite nous creusâmes de grandes fosses que nous recouvrîmes avec soin de rameaux, puis de plaques de gazon enlevées le long d'un petit cours d'eau qui descendait dans le fleuve.

Lorsque ce travail fut terminé et que nous fûmes de retour au camp, nous composâmes de grosses et longues torches avec des roseaux fendus, et nous les trempâmes dans les graisses et le suif des animaux abattus pour notre consommation; en outre, nous composâmes aussi des fagots de roseaux et de menu bois, dont nous chargeâmes dix de nos bœufs; tout notre monde, sauf dix hommes de garde au camp, partit bien armé et précédé d'éclaireurs qui découvrirent le lieu de repos choisi par les éléphants pour y passer la nuit. Divisés par petites troupes, nous formâmes un cercle, sans y comprendre le côté par où nous voulions les contraindre de se retirer, et qui conduisait aux passages où se trouvaient nos fosses. Lorsque toutes nos précautions furent bien prises, des deux extrémités du cercle on sonna de la trompette, et nos flambeaux brillèrent subitement.

Nous avancions lentement, tirant de temps en temps des coups de fusil, sonnant toujours de la trompette et portant nos torches enflammées... A une distance assez rapprochée du petit bois où nous savions qu'étaient les éléphants, nos fagots furent livrés aux flammes, dispersés sur le sol, où ils enflammèrent les herbes sèches et formèrent bientôt un demi-cercle de flamme autour du petit bois... Ce spectacle offrait un coup d'œil magnifique et effrayant en même temps. Un grand bruit de piétinements, de souffles profonds, d'espèces de rugissements, sortit du petit bois ; puis le sol sembla retentir et trembler sous un trot énorme et précipité. Les éléphants fuyaient du côté où étaient les piéges. Nous avancions lentement, continuant notre tumulte, armés de nos torches, sonnant des trompettes et tirant des coups de fusil. Le lieu de leur retraite fut facile à reconnaître : la terre était foulée, piétinée profondément, et couverte de grosses branches sans feuilles, sans écorce. Il arriva alors ce que je n'avais pas prévu : l'incendie des herbes sèches, des arbustes demi-secs s'étendit avec une étonnante rapidité, se glissa comme un serpent de feu entre les clairières qui séparaient les groupes d'arbres, et nous devança, de manière qu'au sortir du petit bois qui avait servi de retraite aux éléphants, nous vîmes devant nous une longue ligne de flammes qui pénétraient entre les massifs et menaçaient d'incendier les bois. Force nous fut de nous arrêter et d'attendre quelle serait la fin de cette tentative dont je commençais à mal augurer. Le vent, ayant changé brusquement, rejeta les nuages de notre côté ; ils nous enveloppèrent d'une vapeur si chaude et si épaisse, que nous fûmes contraints de battre en retraite, nous appelant les uns les autres, car nos torches ne pouvaient plus servir à nous reconnaître. La terre se trouvait chaude, couverte d'étincelles ; ce ne fut qu'au-delà de notre point de départ que nous pûmes respirer.

Si l'incendie cessa de se porter en avant, il rebroussa sur ses pas ; nos fagots, qui brûlaient encore dans la plaine, ranimés par le brusque changement de vent, dont la force s'était augmentée, communiquèrent le feu aux herbes et aux arbrisseaux qui se trouvaient entre le campement et nous. Ainsi nous étions menacés à notre tour. Oubliant la chasse aux éléphants, nous courûmes en hâte vers le campement, traversant, par où nous pûmes, la marée de flamme qui courait vers le camp, au milieu des beuglements de nos bœufs, qui erraient çà et là dans leur épouvante.

Heureusement que nos gens laissés à la garde

du camp avaient déjà pris des mesures pour le soustraire à la flamme, et chassé le troupeau vers le grand bassin. Avec une promptitude que le bon ordre établi parmi nous permettait seul, nous répandîmes toute l'eau de nos tonneaux autour du camp, dont le sol était déjà dépouillé d'herbes, mais encore couvert de buissons nombreux ; et, tandis que la moitié des nôtres remplissait les tonneaux et les roulait vers le camp, nous en abattions les palissades en roseaux secs, et les transportions vers le fleuve. Travail inutile ; la violence du vent était devenue telle que des flammèches venaient tomber sur nos têtes, sur nos effets, jusque sur les bords du fleuve. Il fallut se jeter en hâte dans les radeaux et les éloigner du bord, sans savoir qui nous laissions, ce que nous perdions ; il était impossible d'y penser en ayant sous les yeux le grand et terrible spectacle qui nous épouvantait. Dès que la flamme eut atteint la bordure des grandes herbes et des roseaux qui couvraient, plus de vingt pieds de largeur, les bords du fleuve, elle s'étendit des deux côtés avec une effrayante rapidité, crépitante, ondoyante comme la crinière d'une cavale dont le vent soulève les flancs dans une course précipitée... Les flammèches pleuvaient jusque sur nos radeaux, dont nous inondions les couvertures et les bords avec l'eau puisée dans le bassin. En nous éloignant de l'incendie nous entrâmes dans le courant, qui nous emporta doucement en aval, comme pour nous faire assister au prolongement de ce terrible spectacle, large ruban de flammes courant le long du rivage. Les scènes les plus émouvantes nous attendaient : des nuées d'oiseaux sortaient des bois, des plaines, des bords du fleuve, s'élevaient au-dessus des nuages de fumée en poussant des cris aigus, des piaillements, des sifflements, des cris sans nom. Le cours du fleuve était aussi dans le trouble et comme remué par les rouages d'une énorme machine hydraulique... C'étaient des hippopotames et des crocodiles qui fuyaient les bords, qui, dans leur épouvante, se ruaient les uns sur les autres, plongeaient, soulevaient les eaux pour respirer au milieu d'une masse compacte de fumée qui s'abattait en se condensant sur le cours du fleuve. Voilà le terrible spectacle que nous eûmes sous les yeux le reste de la nuit. Le jour je distinguai, avec ma lunette, des bandes de singes de toute grandeur grimpant, sautant, s'attachant aux rochers nus d'une montagne que nous avions en vue. L'incendie avait marché plus vite que nous.

Nous avions arrêté les radeaux à quelque distance du bassin. L'incendie ayant tout dévoré, nous n'avions plus rien à craindre, et nous voulions retourner au camp.

Nos précautions l'avaient préservé en partie : la flamme n'ayant pas trouvé d'aliment à une certaine distance à l'entour, n'y avait jeté que des étincelles et des flammèches ; il se trouvait ainsi préservé de l'incendie. Mais tout était couvert de cendre et infecté d'une odeur de fumée insupportable. Une de nos vaches, surprise au milieu des herbes incendiées, avait péri.

Ces incidents avaient distrait nos esprits des piéges tendus aux éléphants, ce fut Yves qui remit cette tentative sur le tapis et qui me demanda d'y aller voir.

Dix hommes l'y suivirent; quelques heures après, un d'eux revint au camp, demandant le plus de monde que nous pourrions envoyer et tout ce que nous aurions de câbles : deux éléphants et un petit étaient tombés dans les fosses et paraissaient y être exténués; nous y conrûmes en hâte. Un énorme éléphant remplissait presque la plus petite fosse ; aux terres jetées à l'entour on pouvait juger qu'il avait fait de grands efforts pour se délivrer; alors il était couché sur le côté, la trompe pendante et l'œil presque éteint. L'autre fosse contenait une femelle et son petit, tous deux aussi exténués que le premier. La fumée et la chaleur les avaient cruellement fait souffrir ; à notre vue leur affaissement était tel qu'ils ne firent qu'un faible mouvement; on put, sans trop s'exposer, passer un nœud coulant au pied de derrière de la femelle, et attacher le bout du câble à un fort pieux que nous enfonçâmes profondément dans la terre; ensuite on ouvrit un chemin en pente qui descendait dans la fosse ; dès que la voie fut praticable, nous excitâmes la femelle à se lever; tout fut inutile. Le petit, qui avait pu conserver ses forces en suçant sa mamelle, fut plus facile : il sortit doucement, mais s'arrêta en voyant que sa mère ne le suivait point. Nous le poussâmes au dehors à force de bras; alors la femelle, poussant un véritable gémissement, se souleva, se mit ensuite sur les pieds, mais c'est tout ce qu'elle put faire, elle chancelait; on alla chercher à une certaine distance des rameaux verts, et on les descendit à sa portée ; elle les brouta, d'abord lentement, puis avec activité. Pendant ce temps-là on tenait son petit au bout du chemin en pente, où il broutait aussi le feuillage le plus tendre ; la mère s'achemina vers lui, le caressa de sa trompe ; deux de nos gens osèrent l'approcher et la caresser de la main, la crainte que j'avais éprouvée fut bientôt calmée. L'animal parut sensible, et cette sensibilité fut si évidente, que les deux mêmes osèrent passer la main sur la trompe, y présenter du feuillage et un biscuit qu'ils avaient par hasard. Elle le porta à sa bouche et avança sa trompe, demandant un second biscuit ; nous osâmes alors l'approcher, caresser son petit, elle y parut sensible. Il n'en fut pas de même du mâle.

On avait aussi ouvert un chemin incliné, jeté des rameaux chargés de feuilles, qu'il avait dévorées, ensuite, sans excitations de notre part, il s'était acheminé le long de la pente ; mais à peine eut-il compris qu'il ne pouvait s'éloigner au-delà de la portée du câble qui le tenait par un pied de derrière, et qui était assujéti à un gros arbre voisin, qu'il éprouva un instant de fureur; avec le bout de sa trompe il attaqua le nœud coulant, mais inutilement : il se jeta en avant avec fureur, et tomba lourdement sur le sol. Me rappelant qu'aux Indes on fait maltraiter les éléphants sauvages que l'on a pris par des éléphants domestiques, j'armai nos gens de longues perches, et ils l'accablèrent de coups. Il s'étendit sur la terre, l'œil menaçant, quoique abattu, refusa de toucher aux rameaux jetés devant lui, en un mot se montra indomptable. Je fis approcher la femelle, déjà familiarisée avec nous; quand il la vit, entourée, caressée et se prêtant à nos caresses, il parut perdre de sa fureur; mais personne n'osait l'approcher. La femelle alla près de lui, leurs trompes se caressèrent mutuellement, leurs yeux exprimèrent tant d'intelligence et de douceur que nous en fûmes étonnés. Le petit était resté au milieu de nous, broutant les feuilles tendres que nous lui donnions. La femelle y revint, douce, traitable et tout-à-fait familière.

Une nouvelle tentative fut faite auprès du mâle. Il refusa les feuilles mises à sa portée, mais sans montrer la fureur qu'il avait d'abord manifestée. Nous conduisîmes doucement le petit éléphant vers le camp, la femelle le suivit. Alors un spectacle inattendu vint nous émouvoir... Le mâle, en la voyant s'éloigner, poussa un souffle profond, strident, et des larmes, de vraies larmes, mouillèrent ses yeux; il fit un effort pour la suivre. La femelle s'arrêta subitement, se tourna vers lui, puis, voyant son petit que nos gens emmenaient doucement, elle baissa la tête et le suivit. Le mâle se jeta sur la terre et cacha sa trompe et sa tête entre les pieds de devant. Une douleur profonde l'accablait. Aux risques d'avoir à le tuer, car il n'était point en forces pour nous poursuivre, je coupai moi-même le câble avec mon coutelas, et me réfugiai promptement au milieu des nôtres. Il se sentit libre, se dressa sur ses pieds, leva la tête, promenant sa trompe en demi-cercle, puis s'achemina lourdement vers la femelle qui suivait son petit. Nous les emmenâmes ainsi jusqu'au camp. Il nous restait encore un tonneau plein de douro. Je le leur fis mettre à portée, et tandis qu'ils le mangeaient avec des démonstrations de plaisir, nous creusions des fossés autour de l'espace où ils se trouvaient. Quelques jours après, ils étaient familiers avec nous, et paraissaient reconnaissants de nos soins.

Nous pouvions reprendre notre voyage ; les radeaux étaient chargés, après avoir été bien réparés ; la chasse sur l'autre rive nous avait fourni des provisions hachées et boucanées ; c'est ce que nous fîmes avant le lever du soleil.

Une partie de nos gens, avec le plus gros du bagage, descendait lentement le fleuve, et moi avec l'autre, et comme un nabab indien, assis commodément sur l'éléphant mâle, un grand parasol composé de feuilles de bananier à la main, je longeais la côte, la tête abritée des rayons du soleil.

Nous voyageâmes ainsi durant trois jours, à travers des solitudes presque toujours arides, mais d'un chemin praticable, parce que nous longions le bassin du fleuve. Le quatrième jour on fit, des radeaux, les signaux convenus, en cas d'aventures ou de tout autre accident. Nous approchions alors d'une haute chaîne de montagnes. Nous fîmes halte, deux hommes furent envoyés vers les radeaux : nos gens avaient découvert, sur la rive droite du fleuve que nous n'avions point en vue, une grande quantité de cases, et une population nombreuse sur la rive. Je me rendis aux radeaux et reconnus que cette rive, qui formait une belle plaine, le fleuve faisant un détour au pied des montagnes qui bordaient la rive gauche, était couverte de nombreuses habitations, d'arbres fruitiers, tels que bananiers, cocotiers, figuiers et cannes à sucre.

Notre arrivée avait attiré sur le rivage une foule qui me parut considérable et très bruyante. Nous fîmes halte. Les radeaux furent amarrés à la rive gauche, et notre troupe s'y rendit. Les montagnes ne rendant plus la route possible à nos éléphants qui marchent mal en montant, il fallait donc passer sur la rive droite, entrer en relations amicales avec la population, au moins ouvrir un chemin les armes à la main.

Les feux qui brillèrent toute la nuit sur la rive

et dans l'intérieur des terres nous prouvèrent que les peuplades étaient sur le qui-vive. Au point du jour j'envoyai quinze hommes à terre avec des présents, et nous nous approchâmes de la rive pour les soutenir en cas d'hostilités. Nos éléphants étaient entrés sans trop de difficultés sur le grand radeau.

Il est nécessaire de dire ici que nous les avions accoutumés au bruit des coups de fusil, et que ce bruit ne les effarouchait plus, n'en ayant jamais éprouvé de mal.

A l'approche de nos gens, les nègres s'éloignèrent un peu du rivage. Ils descendirent à terre et invitèrent par signes les naturels à s'approcher. voyant que c'était inutilement, un d'entre eux s'avança à portée de pistolet, et eut recours au rameau vert, symbole d'intentions pacifiques. Cette tentative fut sans résultat. Il s'avança encore, tenant toujours son rameau à la main. Les nègres ne répondirent point à son invitation. Alors il enfonça le rameau en terre, mit auprès de petits présents, et revint vers nous.

J'observais les nègres avec ma lunette. Dès que notre camarade se fut éloigné, d'eux d'entre eux coururent au rameau, enlevèrent les présents et s'enfuirent comme l'eussent fait des voleurs. Les présents attirèrent la curiosité de la foule, qui se pressa autour de ceux qui les avaient enlevés.

J'eus l'espoir que nous allions les trouver plus

confiants. Je renvoyai le même homme. Il portait un autre rameau, car les nègres avaient enlevé le premier. La chose se passa comme à la première tentative : dès que notre homme se fut retiré, plusieurs nègres accoururent autour du rameau ; mais n'y trouvant plus de présents, ils parurent désappointés, et arrachèrent le rameau, qu'ils brisèrent et jetèrent avec colère.

Il fallait agir hardiment ; nos gens descendirent à terre ; on débarqua aussi le troupeau et les éléphants, et tandis qu'ils passaient, une garde suffisante se tint entre eux et les nègres.

Il est probable que cet acte leur imposa, car ils se replièrent vers les cases, eux et leurs troupeaux, et nous abandonnèrent la plaine et les bois voisins.

Pendant ce temps-là, nous dressâmes et fortifiâmes notre campement, et prîmes les mesures que l'on prend en présence de l'ennemi.

Durant la nuit nous entendîmes un tintamarre épouvantable dans la bourgade ; des feux nombreux brillèrent de tous les points. Préparait-on la guerre? C'était probable. Le bruit cessa vers minuit ; nous redoublâmes de surveillance ; mais les sentinelles avancées ne donnèrent aucune alarme.

A la clarté du jour, la plaine s'offrit sans troupeaux, sans habitants. Je les vis travaillant activement autour de la bourgade : ils la fortifiaient. Il fallait les rassurer. Nous ne nous avançâmes point ; nos troupeaux furent mis au pâturage, sous bonne garde, et le reste de la troupe fut prêt à se rendre où se déclarerait le danger.

Nos invitations pacifiques furent inutilement renouvelées; après avoir enlevé les fourrages nécessaires, nous rembarquâmes ce qui devait être mis sur les radeaux, et, avec notre troupeau, nos éléphants et la plus grande partie de nos gens, nous descendîmes le long de la rive droite, tandis que les radeaux suivaient la même direction, portés par un faible courant, qu'il fallait aider de rames pour suivre notre marche par terre.

A la vue de notre caravane en marche, les nègres, qui nous observaient, commencèrent à se montrer, mais à une grande distance, en petit nombre. Du haut de mon énorme monture je pouvais les observer; ils augmentaient en nombre, mais semblaient plutôt mus par la curiosité que par des dispositions hostiles. Ils commencèrent ensuite à nous suivre, en longeant la rive du fleuve, par le chemin qu'ils trouvaient tracé derrière nous. Je remarquai qu'ils avaient des arcs et des zagaies. Je découvris aussi une autre troupe qui croyait échapper à notre vue, en se dirigeant dans les forêts qui bordaient la plaine à notre droite. Ils voulaient nous attaquer s'ils en trouvaient une occasion favorable; ce n'était plus un doute pour moi. Je fis renforcer les flanqueurs qui couvraient la droite de notre marche, et aussi l'arrière-garde, avec laquelle je restai. Dès que nous fîmes halte, ils s'arrêtèrent aussi. Les troupeaux furent lâchés dans l'espace contenu entre nos flanqueurs et le lieu de la halte, et nous envoyâmes des provisions de bouche, pour que la garde de la droite ne s'éloignât point de son poste. Les nègres, qui s'étaient aussi arrêtés, se dispersèrent, sans doute pour se livrer au sommeil dans quelques groupes d'arbres sur leur droite.

A l'instant où la chaleur était la plus intense, et où, après le repas, nous allions goûter quelques heures de sommeil, un coup de fusil retentit sur la droite. J'écoutai si d'autres détonations ne se feraient point entendre, et, après quelques instants de silence, j'envoyai un des gardes pour connaître la cause de ce bruit. Il rencontra un flanqueur qui venait nous prévenir de ne pas prendre l'alarme. On avait tiré sur un nègre qui, en rampant à terre, s'était glissé jusqu'auprès d'un bœuf, et le poussait tout doucement vers les bois. Le cadavre du nègre tué roide était dans les broussailles. Cet accident me désola ; il y avait du sang entre les nègres et nous. Nous nous remîmes en marche vers quatre heures de l'après-midi. Les nègres se remontrèrent sur nos derrières ; mais ceux de la droite ne paraissaient point... Nous eûmes ce jour-là un rude assaut à soutenir contre un énorme léopard, le premier que nous eussions jusqu'alors rencontré. Il bondit d'un fourré sur une de nos vaches, l'étrangla avant que nous eussions le temps de faire feu, et l'avait déjà entraînée à plus de vingt pas quand une décharge l'atteignit et l'arrêta. Quoique percé de plusieurs balles, il se lança sur nos gens avec un râlement affreux. Heureusement notre hercule était là... Presque aussi rapide que la bête féroce, il tomba sur elle à l'instant où un des nôtres, sur la baïonnette duquel elle était tombée, qu'elle avait renversé et qu'elle tenait déjà entre ses terribles griffes, allait devenir sa victime, d'un coup de coutelas il lui ouvrit le ventre, d'où sortirent les entrailles fumantes et dégouttantes de sang... Le léopard tomba près de celui qu'il avait abattu, et ne se releva plus.

Plus élevé sur les jambes que le lion, plus long, plus souple, il avait huit pieds trois pouces du bout du muffle à l'origine de la queue; son énorme tête, ronde comme celle du tigre, était effrayante à voir. La peau, bien mouchetée, fut étendue sur un des éléphants; mais il fallut l'enlever : l'animal s'agitait et devenait intraitable.

La halte se fit une heure plus tôt que de coutume; je voulais établir un campement plus fort que ceux que nous dressions ordinairement. Au lieu de l'entourer d'une palissade de roseaux, nous mîmes de forts pieux de distance en distance, entrelaçâmes de longs branchages les intervalles, et creusâmes sur le devant un fossé dont les terres furent dressées en talus.

Comme toujours, les bêtes furent placées au centre lorsqu'elles furent ramenées du pâturage, et les éléphants laissés au-dehors, parce que le bétail n'était point encore accoutumé à leur odeur. Quand toutes les précautions furent bien prises, les postes désignés, nous nous étendîmes dans nos hamacs suspendus aux branches des arbres, autour desquels nous établissions tout notre camp.

Contre mon attente, la nuit se passa paisiblement et je commençais à croire que les nègres avaient renoncé au projet que je leur avais supposé, de nous attaquer par surprise, et ce fut presque avec sécurité que nous reprîmes nôtre marche longtemps avant l'apparition du soleil. Le signal fut donné aux radeaux, ils y répondirent, et nous partîmes, certains que les radeaux avaient eu une nuit aussi paisible que la nôtre.

Après une heure de marche, le terrain se trouva si embarrassé de halliers qu'il fallut ouvrir un passage le coutelas à la main. Nous tuâmes deux énormes serpents nommés boas; nous nous hâtions trop de sortir de ces passages dangereux pour nous arrêter. L'épaisseur des halliers devint telle que notre marche en fut ralentie, et que nous ne pouvions plus marcher, hommes et bêtes, qu'à la file...

C'est alors que nous connûmes le plan des nègres. Du milieu des impraticables halliers, s'élancèrent des flèches, des zagaies et d'autres projectiles.

— Prenez des fagots sur vos têtes, criai-je aux nôtres, les traits ne peuvent tomber que d'en haut; et tirez à hauteur de poitrine à travers les broussailles. Alors les coups de feu roulèrent sur toute la ligne. Yves courut à l'arrière-garde, s'attendant à voir déboucher l'ennemi.

Il est probable que nos balles furent plus meurtrières que leurs traits, car l'attaque se ralentit. Une petite clairière permit de faire halte, d'attendre nos compagnons, et de cribler de balles les halliers environnants. La marche put être continuée jusqu'aux racines des montagnes, où le sol se trouva éclairci et plus favorable à la défense.

L'ennemi ne se montra plus, et les fagots que nos gens portaient sur la tête servirent de pâture à nos éléphants et à nos animaux.

Les éclaireurs lancés en avant pour explorer le pays, nous le représentèrent comme impraticable, si nous tentions de suivre à courte distance le cours du fleuve; mais ils avaient reconnu qu'en faisant un grand détour et descendant dans le plat pays, nous pourrions continuer notre route avec notre troupeau.

Il fut décidé que nous descendrions aux radeaux et passerions sur l'autre bord, où ne s'élevaient point de si hautes montagnes. On envoya donc porter cet avis aux radeaux, et nous nous frayâmes un passage vers le bassin du fleuve.

Ainsi que je l'ai dit, j'avais pris pour monture le grand éléphant, que j'avais chargé de tout mon bagage particulier. Yves, à la manière indienne, se tenait placé sur son encolure. La femelle, moins chargée, portait les choses les plus nécessaires à des voyageurs qui parcourent ces solitudes.

Le jour où se passa l'événement que je vais rapporter, les difficultés du terrain nous avaient contraints de nous rendre à l'entrée d'une plaine aride qui s'offrait à nos yeux, tandis que nos gens et le troupeau cheminaient paisiblement à travers des blocs de rochers, sur des cailloux ronds qui auraient rebuté nos éléphants. Nous allions aussi fort lentement, laissant les éléphants brouter le peu de pâture qui se trouvait sur notre route. Tout-à-coup le mâle dresse les oreilles, soulève sa trompe, aspire fortement l'air, et donne des signes d'agitation extraordinaires.

La femelle se mit au trot suivie de son petit, et le mâle la suivit aussitôt sans que nous puissions l'arrêter ; et bientôt nous nous trouvâmes en face de six gros éléphants qui gagnaient en hâte les forêts voisines. Leur réception ne fut pas amicale. Ils se jetèrent sur nos deux éléphants. J'allais faire feu.

— Ne tirez pas, me cria Yves, ou nous sommes perdus...

Il avait une fusée dans son habit ; il la lança au milieu des nouveaux arrivants. La traînée de flamme, la détonation les effaroucha ; ils reprirent leur course vers les bois, et nous fûmes emportés à leur suite avec une rapidité dont je ne les croyais pas capables.

Je vis Yves tirer son coutelas.

— Qu'allez-vous faire? lui demandai-je effrayé.

— L'enfoncer entre les épaules de cette bête, me répondit-il ; il faut l'abattre ou nous ne reverrons jamais les nôtres. Quand elle aura rejoint les autres, il y aura lutte, et nous serons broyés sous leurs pieds ou assommés à coups de trompes. Appuyez votre fusil contre l'oreille et faites feu en même temps que j'enfoncerai le coutelas. Mais attendons, la course se ralentit, il ne faut pas manquer notre coup. Je sentis qu'il avait raison, et je me préparai avec regret à le seconder. Nous passions sous de longues branches :

— Saisissez-en une, me cria Yves, et cramponnez-vous-y; c'est ce que je fis.

D'un coup de coutelas, Yves coupa les sangles, se lança sur une branche, et m'attira a lui. La charge de l'éléphant tourna, d'un coup de trompe il la lança au loin, puis reprit sa course.

Je comptais bien que nos compagnons feraient des recherches pour nous retrouver, et que la trace des éléphants les amènerait vers nous ; aussi je conseillai à Yves de ne pas sortir de cette trace pour le retour ; mais il me représenta que les éléphants avaient parcouru la forêt en suivant les mille détours des clairières ; et, me montrant le soleil, il me dit :

— Voilà notre boussole, le fleuve est au midi, et nos compagnons vers le sud-sud-est, à cause du circuit que fait le fleuve au pied des montagnes.

Nous perçâmes donc en droite ligne, autant que les arbres nous le permirent. L'obscurité tomba tout-à-coup dans les labyrinthes de la forêt, et nous ne pûmes suivre une route certaine.

Le silence qui s'étend sous ces hauts et imposants ombrages, à la chute du jour, est solennel et plus effrayant encore ; les mille cris, les caquetages des oiseaux, les piaulements, les murmures, les voix diverses de singes de toutes tailles, de toutes espèces, de toutes nuances, cessent soudain, et les oreilles assourdies n'entendent plus que le silence, les yeux ne voient plus que des masses sombres, de petits lambeaux du ciel entre les éclaircies, des dômes de feuillage...

Souvent, comme un souffle gémissant, passe un courant d'air ; les rameaux frémissent, et tout retombe dans le silence sombre qui fait pressentir les embûches et frissonner au froissement des feuilles que foulent les pieds.

— Il faut nous arrêter quelque part, dis-je à Yves, nous nous perdrions complètement dans les ténèbres.

Yves amassa quelques branches sèches, y mit le feu, afin que nous pussions choisir un abri sur les arbres. Un tronc énorme, creusé par le temps, nous parut favorable. Yves y trouva un serpent enroulé ; un arbre immense avait étouffé toute végétation sous ses rameaux, d'où pendaient des plantes grimpantes comme une chevelure de verdure.

— Voilà ce qu'il nous faut, dit Yves, et aussitôt il atteignit l'extrémité d'une branche pendante et se rendit au centre des rameaux ; il en sortit une famille de singes, grands et petits...

Leurs cris, leurs piaulements remplirent les alentours, et jetèrent cette musique discordante au milieu du silence solennel de la nuit.

— Ils grimpent mieux que nous, s'écria Yves, qu'ils aillent chercher un autre gîte...

Je montai, avec son aide, et nous nous établîmes, le plus commodément que nous le pûmes, à l'endroit où le tronc se partageait en branches de la grosseur de nos plus grands arbres de l'Europe.

Un désagrément nous attendait au réveil : nos bagages, laissés au pied de l'arbre, étaient au pillage... Les singes ouvraient tout, déchiraient tout, et dispersaient nos effets ou les portaient sur les arbres voisins. Un accident imprévu les mit en fuite : un fusil, recouvert de la peau d'un ballot, et laissé comme par oubli, fut attiré par un grand babouin, la gachette se détendit ; le coup partit et jeta une telle épouvante dans la bande des pillards, qu'ils abandonnèrent tout et s'élancèrent le long des rubans flottants des lianes, le long des troncs, et disparurent dans l'épaisseur des feuillages. Nous perdîmes un temps précieux à rassembler nos pauvres dépouilles, en maudissant l'exécrable engeance de ces caricatures d'hommes.

Nous déjeunâmes du reste de nos provisions et nous mîmes en route. Mais, à force de tours et de détours, de faire un pas en avant et deux en arrière, nous nous embrouillâmes si complètement que, après une longue marche, nous nous trouvions tout désorientés... le soleil était presque perpendiculaire.

— Il faut pourtant que nous sortions de cette infernale forêt, s'écria Yves avec colère ; mais avant tout il faut manger. On dit que le singe est un excellent mets : eh bien ! va pour le singe ; mon estomac digérerait une côte de diable.

Et son fusil abattit un babouin qui s'amusait à nous faire des grimaces.

Ce mets, que je mangeai avec répugnance à cause de sa ressemblance avec l'homme, mais dont la faim me forçait de manger, me sembla fort bon et d'un goût relevé, par la faim sans doute. Réconfortés par ce repas, nous reprîmes notre route, écoutant toujours, car nous espérions que, durant leurs recherches, nos compagnons feraient des décharges pour nous appeler vers eux. Vaine attente ; la forêt murmurait, mais le bruit éclatant du fusil ne se mêlait point à ses murmures. Nous abattîmes un petit sanglier, ce fut pour le repas du soir, car nous tournions aveuglément dans cette fatale forêt sans en trouver la lisière. Enfin, peut-être quelques minutes avant que la clarté disparût, je découvris une plaine à l'extrémité d'une longue clairière fréquentée par les bêtes féroces, dont nous trouvions les fientes encore fraîches.

Nous nous crûmes sauvés ; mais quel ne fut panotre désappointement en reconnaissant les lieux dévorés par l'incendie, et en attendant, vers la droite, le bruit sourd et monotone de la chute d'eau où nous avions fait un si malheureux naufrage... Plus de quatre jours de marche nous séparaient de nos compagnons, s'ils nous avaient attendu au même lieu.

J'étais exténué; Yves prit une partie de mon fardeau, et nous suivîmes le cours du fleuve par une route couverte de cendres.

Force me fut de m'arrêter, la faim me tourmentant presque autant que la fatigue. Mais où trouver du bois, des roseaux, des broussailles? le feu avait tout consumé.

— On ne meurt pas de faim quand on a le dos et les cuisses d'un sanglier, me dit Yves en déposant son fardeau. Nous ne serons pas les premiers Européens qui aient mangé de la chair crue. Cela m'est déjà arrivé plusieurs fois, et je vous assure qu'elle restaure merveilleusement l'estomac. Il tailla le long du dos des tranches minces, les battit sur une pierre avec son coutelas, et me présenta ce plat de sa façon. J'avoue que, avec des épices, je l'eusse trouvé délicieux, et que je reconnus bientôt la vérité de ce que m'avait dit Yves... Les forces me revinrent comme par enchantement, et nous pûmes reprendre notre route, à la faveur de ces nuits translucides qui éclairent les contrées intertropicales.

Il pouvait être le milieu du jour quand nous arrivâmes au campement que nous avions abandonné pour passer sur l'autre rive du fleuve. Nous nous y arrêtâmes pour manger ; cette fois ce ne fut pas de la chair crue, mais de bonnes et appétissantes grillades ; nous avions trouvé du bois dans le campement.

Je faillis être dévoré par un crocodile durant mon sommeil ; Yves l'aperçut à temps, poussa un cri et fit feu... Le monstre rebroussa chemin. Il est probable que le parfum de nos grillades était arrivé jusqu'à lui et l'avait attiré assez loin du fleuve. Je ne croyais pas que cet animal fût doué d'un si excellent odorat.

Vers le soir nous découvrîmes plusieurs nègres sur la rive que nous côtoyions ; cependant elle nous avait paru déserte lors de notre premier passage.

— Ce voisinage m'est plus désagréable que celui des lions, me dit Yves ; il est à craindre que nous n'ayons vu que quelques maraudeurs et que le gros de la bande ait suivi les traces de nos camarades.

Pour ne pas attirer leur attention, nous ne fîmes point de feu la nuit et nous hissâmes sur des arbres nous et nos paquets. Les nègres nous parurent plus dangereux que les singes ; bien nous en prit d'avoir choisi une pareille retraite. La nuit amena une centaine de nègres qui nous avaient probablement découverts ; ils rôdèrent de tous côtés, passèrent plusieurs fois sous notre retraite, comme des limiers en quête du gibier ; heureusement ils n'avaient pas la finesse d'odorat de ces animaux.

— Je me trompe beaucoup si nous n'avons pas aujourd'hui maille à partir avec ces faces noires, Yves.

— C'est aussi mon avis, me répondit-il. Voyez si vos cartouches sont bien rangées ; examinons les balles de nos fusils et de nos pistolets... s'ils nous attaquent en trop grand nombre, vous vous agenouillerez derrière moi, ferez feu, tandis que je les maintiendrai à distance respectable avec ce petit joujou...

Ce joujou était son fléau, dont la lanière était alors de cuir de rhinocéros et d'une portée de douze pieds en étendant les bras.

Quand nous ne découvrîmes plus de nègres aux alentours, nous reprîmes notre marche, impatients de rejoindre les nôtres, dont nous concevions les inquiétudes.

Nous eûmes le bonheur de les rejoindre, et, après divers incidents dont je parlerai peut-être un jour, nous regagnâmes notre chère patrie.

CONCLUSION.

Aujourd'hui, retiré du monde, vivant dans une campagne reculée, j'évoque les souvenirs du passé, je m'y complais, et je vis une seconde fois de la vie des forêts, des fleuves et des solitudes. Eh bien! j'ai souvent regretté cette vie, où l'homme est obligé de s'appuyer sur l'homme, où les sentiments affectueux peuvent se communiquer sans crainte; j'ai regretté ces déserts, ces lacs, ces solitudes, et jusqu'aux rugissements des lions, aux mugissements des hippopotames, et aux stridentes clameurs des crocodiles.

L'homme est ce que les contacts le font, ce que les milieux dans lesquels il vit le contraignent d'être. Étouffé dans la foule, souvent il grandit dans la gêne, privé d'air, comme ces jeunes plantes qui poussent au pied des grands arbres.

S'il se sent, il souffre des entraves qui obstruent son passage, qui arrêtent l'élan de sa puissance intellectuelle ; s'il ne se sent pas, il végète... Mais dans les forêts, mais dans les déserts, mais au milieu de périls sans cesse renaissants, toutes les énergies de son être s'éveillent, se tendent, se fortifient, il devient homme.

Je finissais toujours mes retours sur le passé par cette réflexion : l'homme, en quelque lieu qu'il soit, en quelque circonstance qu'il se trouve, n'est jamais content de son sort. Ses espérances le jettent toujours en avant, et le présent, seul temps dont il est sûr de jouir, ne lui sert que comme un point d'appui pour se lancer dans un avenir dont il est incertain. Les populations noires sont en cela plus heureuses : le présent est tout pour elles.. leur vie n'a point de lendemain.

FIN DES VOYAGES DANS L'INTÉRIEUR DE L'AFRIQUE.

AVIS DES EDITEURS.

Nous croyons être utiles à nos lecteurs en ajoutant à l'intéressant ouvrage *Voyages dans l'intérieur de l'Afrique*, des détails sur l'aspect, les montagnes, les fleuves, le climat, les lacs, les déserts de l'Afrique.

Cette espèce de statistique instruira nos lecteurs sur cette intéressante partie du monde.

ASPECT GÉNÉRAL DE L'AFRIQUE.

L'Afrique, si fertile en prodiges, si célèbre depuis tant de siècles, et dont les sables brûlants ont servi de tombeau à tant de glorieuses victimes de l'amour de la science, l'Afrique a toujours fixé l'attention du monde civilisé et excité l'esprit de recherche des hommes les plus sages et le courage des plus braves.

Quoique un petit bras de mer seulement la sépare de l'Europe, nous n'en connaissons bien que les côtes. Un voile épais couvre encore l'intérieur de cette vaste contrée. Peu d'hommes ont tenté de le soulever, et de ce petit nombre, peu, très peu, ont eu le bonheur de revenir pour nous faire part de leurs découvertes. La plupart des voyageurs intrépides qui poussèrent assez loin le courage et l'oubli d'eux-mêmes pour tenter cette téméraire entreprise périrent victimes de la férocité des habitants ou de son climat meurtrier.

Toutefois, depuis quelques années, les épaisses ténèbres qui nous cachent les contrées intérieures de l'Afrique s'éclaircissent peu à peu. Bientôt les nuages qui en couvrent les curiosités se dissiperont, et les bienfaits des sciences et du catholicisme éclaireront un pays que naguère encore on regardait comme condamné à rester plongé dans une éternelle obscurité.

Disons d'abord que le divin Homère croyait que les colonnes d'Hercule, c'est-à-dire le détroit de Gibraltar, étaient les colonnes du monde, et que les piliers, qu'il supposait soutenir le ciel et la terre, étaient gardés par Atlas dans une région où l'on ne pouvait pénétrer.

Plus récemment, le moine égyptien Cosmas Indicoplastès voyait dans l'Afrique une immense plaine carrée, deux fois aussi longue que large, entourée de tous côtés par l'Océan, et autour de laquelle s'élevait un grand mur qui supportait la voûte du firmament, sous lequel le soleil et la lune tournaient autour d'une montagne en forme de quille.

Strabon avait cependant déjà donné à l'Afrique la forme d'un rectangle, dont les côtes septentrionales formaient la base, le Nil et les côtes de la mer d'Ethiopie l'angle droit, et la côte occidentale l'hypothénuse.

En effet, la transfiguration de cette partie du globe est assez semblable à celle d'un triangle régulier, dont le côté septentrional, depuis le golfe de Sédra jusqu'au grand désert, est un pays montagneux et fertile. La pente des montagnes de cette partie de l'Afrique est beaucoup plus escarpée vers la mer que du côté des terres intérieures. A l'ouest, les montagnes se prolongent jusqu'à l'océan Atlantique, où elles se terminent brusquement en rochers inaccessibles. A l'est, elles s'abaissent insensiblement depuis les monts Habesch jusqu'au Delta; et, au sud, elles descendent en plateaux successifs jusqu'à la mer. De même que les chaînes de la Haute-Asie suivent la forme allongée de cette partie du monde, s'étendent à l'est et à l'ouest, et se terminent aux mers d'Aral et Caspienne, ainsi que dans les steppes qui les entourent, de même les montagnes de l'Afrique viennent s'arrêter, au nord, dans les plaines de Darkulla, Melli, Wangara et Bergheim, de sorte que l'Afrique septentrionale présente un aspect tout différent de l'Afrique méridionale, et ne forme qu'une immense plaine.

Le pied de ces monts est entouré de sables, dont quelques parties sont habitées et cultivées, tandis que d'autres ne présentent que des déserts arides. Cette différence résulte du petit nombre de fleuves qui arrosent la base de ces montagnes. Il paraît même que la source des principaux fleuves est placée sur le versant septentrional, et que les fleuves de second et troisième ordre prennent leur origine sur les versants de l'est et de l'ouest.

MONTAGNES ET FLEUVES.

Les chaînes de montagnes connues sont :

Le grand et le petit Atlas, le premier se dirigeant vers le sud, et le second vers la côte occidentale;

La chaîne libyque à l'ouest de l'Egypte.

Et la chaîne arabique ou Makattan, à l'est, qui enferment le pays des Pharaons et vont, vers le sud, se joindre :

Au Giebb-el-Heik-el-Masur — montagne du Temple peint;

Gebb-el-Addeheb, — mont d'Or,

Et Giebb-el-Komr — montagne de la Lune, dont on place le pic principal sous le 50e degré de longitude.

Viennent ensuite les chaînes de Lupata et Spina-Mundi, qui s'étendent du nord au sud en suivant la côte orientale.

Tout-à-fait au sud se trouvent les montagnes de Neige, de Magacega ou de Glace, du Chariot, de Nieuweveld, de Koper, indiquées pour la première fois par Patterson et Gordon; et de Zawarte, qui, toutes, s'étendent plus ou moins vers le cap de Bonne-Espérance, où l'on remarque surtout le pic de Gardafui.

Le Nil, ce roi des fleuves, si célèbre dans l'histoire ancienne et la moderne, doit le premier fixer l'attention. Le bras occidental, nommé Bahr-el-Abiad, fleuve Blanc, formé de plusieurs sources sorties des montagnes de la Lune, se réunit à Golfeïa, au nord de Schillouch, au Bahr-el-Azreck, fleuve Bleu, qui sort du pays des Agous. Ces deux bras réunis coulent ensuite, en formant plusieurs cataractes, depuis le 16e degré de longitude jusqu'au 30e à Battou-el-Bakara, où ils se séparent de nouveau en deux bras, dont l'un se dirige vers le nord-ouest, et se jette dans la Méditerranée, près de Rosette, tandis que le second, beaucoup plus considérable, va rejoindre la mer à Damiette.

Sur la route qu'il parcourt, le Nil traverse la Nubie, et entre ensuite dans l'Egypte, qu'il féconde.

Le Sénégal prend sa source dans le plateau élevé de Madingo, reçoit le Bafing, fleuve noir, le Kokora, fleuve du Danger, et le Falémé, fleuve d'Or, se dirige vers le nord-ouest à travers de nombreux torrents, et se sépare en plusieurs bras, dont le plus considérable circule vers l'ouest jusqu'à Sérimpate, où il tourne brusquement vers le sud, et va se jeter dans l'Océan, près de Saint-Louis.

La Gambie, dont Mungo-Park place la source à vingt milles de celle du Sénégal, à Pincoi, ce qui fut confirmé à Afezlius par les habitants de la côte de Sierra-Leone, traverse Médina et plusieurs autres villes, au milieu de collines peu élevées couronnées de hautes forêts, puis descend dans une immense et fertile plaine, au milieu de laquelle est élevée la factorerie anglaise Pisania, et va se jeter dans l'océan Atlantique au-dessous du fort Saint-James, où elle acquiert une largeur de six lieues.

Le Rio-Grande prend sa source sur le plateau de Fallan, dans le royaume de Trembo, et se précipite, sous le nom de Dungo, ou Donso, Donzo d'après Golberry, en bruyantes cascades, à travers les montagnes des frontières de Sierra-Leone, dans le même océan Atlantique.

Le Niger ou Djoliba, c'est-à-dire le grand Fleuve, que les Nègres nomment aussi Quora, qu'Hérodote, il y a deux mille ans, signalait déjà comme coulant de l'ouest à l'est, et dont on a plus tard nié l'existence, prend sa source, d'après Mungo-Park, dans les environs de Sankari, au sud du plateau de Madingo, sous le 11ᵉ degré de latitude nord, à peu près à la même hauteur que le Nil.

La source et l'embouchure de ce fleuve étaient restées inconnues, même après que l'infortuné Mungo-Park, le premier qui ait découvert le Niger, eût, pour la seconde fois, en 1805, reconnu une partie de son cours. Ce fut aussi en 1830 seulement, que les deux frères John et Richard Lander, dont le second avait été au service de Clapperton dans son voyage en Afrique de 1825 à 1828, réussirent à descendre ce fleuve jusqu'à son embouchure dans le golfe de Benin. Déjà, en 1802, Richard Lander avait soupçonné cette embouchure du Niger, et Denham et Clapperton, d'après leurs renseignements et les rapports unanimes des habitants de ces contrées, avaient pensé que le fleuve qui passait à Tombouctou, le Djoliba coulait ensuite au sud-est de cette ville, vers Niffe, puis vers le sud et le sud-ouest, et venait enfin se jeter dans le golfe de Benin.

On présume que le Zaïre sort du lac Aquilunda, au sud de l'Equateur, sous le nom de Barbola, et que se réunissant ensuite au Bambré et au Bancaor, il forme la cataracte de Sundi, et va, sous le nom de Congo, se jeter dans la mer d'Ethiopie.

En descendant vers le sud, on trouve le Coanza, qui vient aussi, de l'intérieur des terres, se perdre dans la même mer d'Ethiopie.

Le plus grand des fleuves de l'Afrique méridionale est le majestueux Orange, à peine connu depuis cinquante ans. Gordon le découvrit le premier en 1777. Plus tard, Patterson, Truter, Sommerville, Lichtenstein, Campbell et Thompson ont successivement exploré son cours. Il prend sa source à l'extrémité orientale de la haute chaîne des Bosjesmans, sur le sommet encore inconnu du plateau élevé, au nord des montagnes de Neige, qui sépare la Cafrerie des monts Bosjesmans, et qui renferme sans doute de nombreux pics. Quatre bras, sortant de quatre sources différentes et coulant de l'est à l'ouest, se réunissent au-dessous de l'Algoabai pour former l'Orange, qui est, dès cet endroit-là, aussi large que la Tamise, à Londres. Après avoir traversé de nombreuses gorges de rochers, qui apparaissent çà et là comme d'immenses gouffres, il passe à Pella, et, se dirigeant vers le sud, il finit par se perdre dans les sables avant d'atteindre la côte. Il est des voyageurs qui prétendent qu'il va jusqu'au cap Volta, où il se jette dans l'Océan.

Sur la côte orientale, les grands fleuves sont encore moins nombreux ; le plus considérable est le Zamboza ou Guama, dont la source, inexplorée jusqu'à présent, est située dans les monts Lupata, et dont les quatre embouchures déchargent ses eaux dans le canal de Mozambique.

Plus au nord, on trouve le Coavo et le Guilimana.

CLIMAT, CHALEURS ET VENTS

Le principal caractère du climat est une chaleur extraordinaire, surtout dans les contrées situées entre l'Atlas et le pays des Hottentots.

L'Afrique, située presque tout entière sous la zône torride, ne connaît que deux saisons : la saison de la sécheresse ou l'été, et la saison des pluies ou l'hiver. Au nord de l'Equateur, la saison des pluies commence un peu après l'équinoxe du printemps, et le temps de la sécheresse après l'équinoxe d'automne.

Les époques sont en sens inverse, au sud de l'Equateur.

C'est de l'intérieur de l'Afrique que sort ce vent qui, après avoir traversé les immenses déserts qu'elle renferme, apporte avec lui ces vapeurs brûlantes et quelquefois mortelles qui l'ont fait nommer selon les pays qu'il parcourt :

Samoun ou Simoun, en arabe, ce qui signifie poison ;

Chamsin, en égyptien, et Harmatan et Tornados.

Quoique très affaibli, il pénètre en Espagne sous le nom de Solano, et en Italie sous celui de Sirocco.

Nous le nommons Mistral, en France.

Quand il arrive en Suisse, on l'appelle Fohn ; mais il est alors bien rafraîchi par les montagnes de neige qu'il a franchies, ce qui ne l'empêche pas d'être encore pesant, épais et malsain.

LACS.

Les lacs sont rares en Afrique. On cite cependant, dans l'intérieur, le lac Tchad, long de deux milles anglais ;

L'Aquilunda, le Dibbi ou Dembéa, près de Tombouctou ;

Plus à l'est, Barh-el-Sudem, le Gerrigi-Maragasi, le Candie, le Wangara et plus loin encore, vers l'est, le lac Filtre et le Zambre ou Marevi, au nord des monts Lupata ;

Et enfin le lac Loudejab, au nord, et les lacs Kéroun et Natron, en Egypte.

DÉSERTS ET OASIS.

On ne trouve dans aucune partie du globe d'aussi vastes déserts, car le grand désert de Kobi, dans la Haute-Asie, ne peut être comparé au Sahara, le véritable océan de sables du goble. Les Arabes le nomment Sahara-Belama, c'est-à-dire désert sans eau. Il s'étend de l'est à l'ouest, entre le 15° et le 30° de latitude nord, dans une longueur de deux cents milles géographiques, et quelquefois plus. Sa superficie est de plus de cinquante milles carrés.

Le grand désert de Libye, dont une des extrémités s'étend au nord-est jusqu'à deux journées du Caire, l'antique Memphis, se distingue du Sahara par quelques débris de végétation, des fragments de rochers et des cailloux roulés épars çà et là sur sa surface, tandis que le voyageur est épouvanté à la vue de l'affreuse uniformité des plaines brûlantes du Sahara. Une particularité remarquable du désert libyque, et qui lui est commune avec le Bahr-Belama, fleuve sans eau, c'est la grande quantité de bois pétrifié que l'on y trouve, depuis les branches les plus minces jusqu'aux troncs d'arbres les plus gros, ce qui lui donne l'aspect d'un fond de mer desséché et couvert de débris de vaisseaux naufragés. La vue est agréablement reposée dans ce désert par les oasis, dont une suite nombreuse, située sur la rive orientale, se dirige vers la mer Méditerranée, parallèlement au Nil.

Les plus remarquables de ces oasis sont :

La grande Oasis ou Oasis du sud, en arabe El-Wâh-el-Kébir, nommée aussi l'Oasis de Thèbes, qui a vingt-quatre lieues de longueur sur une largeur de trois à quatre, et est habitée par des Arabes, sous l'autorité d'un cheik ;

La petite Oasis, près du lac Mœris, renfermant plusieurs sources chaudes et froides ;

L'oasis de Four, qui n'est autre chose que le pays de Four, en arabe Dar-Four, composée de plusieurs oasis, groupées en cercle allongé, quc le souverain, décoré du titre de sultan, visite successivement. Elle a trois entrées principales : Sweini, au nord, Ril au sud-est, et Kubkabia à l'ouest. Kobbée, la capitale, est au centre ;

L'oasis d'El-Kassar, qui forme une vallée fertile entourée de rochers, dont les versants intérieurs se terminent en collines couvertes de bois de palmiers, et arrosées par des sources nombreuses ;

L'oasis El-Hair, dont les plaines, ombragées de cerisiers, produisent d'abondantes récoltes de riz et de blé ;

L'oasis Takel, et l'oasis Farafré, arrosées de sources nombreuses, mais troubles ;

L'oasis de Siwâh, qui n'est autre que la célèbre oasis de Jupiter-Ammon, située sous le 29e degré 12' de latitude nord et le 44e degré 54' de latitude, est à vingt-quatre jours de marche en ligne droite d'Alexandrie. Au milieu de cette oasis couverte de moissons et de riches prairies ombragées par des bois d'orangers et de palmiers, s'élève, sur le sommet d'un rocher semblable à une forteresse, Siwâh, entourée, dans un rayon d'une demi-lieue, de cinq villages habités par une tribu d'Arabes remuants et avides de combats. Les pierres des maisons proviennent des débris du temple de Jupiter-Ammon, surnom qui signifie brûlant, dont les ruines imposantes témoignent encore de son antique splendeur. On y rencontre de nombreuses catacombes remplies de débris de momies ;

L'oasis d'Agably, à trente-trois jours de marche de Tripoli, et aux trois septièmes du chemin de cette ville à Tombouctou ;

L'oasis de Tuat, sur la même route ;

L'oasis d'Angila, à treize jours de marche, au sud-est de Bérénice et de la mer, qui compte quatre villages et produit des dattiers, célèbres dès le temps d'Hérodote par la saveur de leurs fruits ;

L'oasis du Fezzan, désignée par le même Hérodote sous le nom de grande Oasis du pays des Garamantes, qui est entourée de rochers et de sables. D'après Hornemann, cette oasis compte cent villages, en outre de Murzouk, sa capitale. Sa longueur, du nord au sud, est de soixante milles géographiques, et sa largeur, de l'est à l'ouest, de quarante ;

L'oasis de Gadames, située à l'extrémité méridionale de l'Atlas, dans le Bilédulgérid, pays des dattes, et qui confine aux montagnes des Berbères.

Ces deux chaînes d'oasis, l'une à l'est et l'autre à l'ouest du désert libyque, partent également de l'intérieur de l'Afrique et forment les deux grandes voies que la nature a ouvertes au commerce des peuples, et que l'histoire nous signale comme constamment suivies dans l'antiquité. De nos jours, elles sont les postes où viennent se reposer les caravanes qui traversent le désert : les habitants en sont les hôteliers et les consignataires des marchandises qui arrivent ainsi du fond de l'Asie au Sénégal, d'où elles pénètrent jusque dans les comptoirs du Nouveau-Monde. Sous ce point de vue, ces oasis acquièrent d'autant plus d'importance aux yeux du philanthrope que, semblables au cœur, siége de la circulation du sang chez l'homme, les routes qu'elles offrent aux caravanes et aux pèlerins, de l'ouest à l'est et du sud au nord, semblent destinées à favoriser les relations intellectuelles de ces peuples.

RACES, LANGUES ET RELIGIONS.

Deux grandes races d'hommes composent la majeure partie de la population africaine : ce sont la caucasienne, au nord, et l'éthiopienne, au centre et au sud.

On distingue les habitants en primitifs et colons :

Les premiers sont les Kabyles ou Berbères, les Koptes, descendants des anciens Egyptiens, alliés aux Grecs et aux Arabes; les Ethiopiens, race alliée aux Koptes ; les Nègres, les Cafres et les Hottentots.

Les seconds sont les Arabes, les Turcs, les Maures, les Abyssiniens, les Indiens et les Européens ou Francs. Ces derniers se composent principalement d'Anglais, de Français, de Portugais, d'Espagnols, de Hollandais et de Danois.

L'idiome des peuples du nord de l'Afrique se divise en langue berbère et langue des guanches. L'une et l'autre sont composées de nombreux dialectes. Les peuples de l'Afrique centrale parlent l'ancien Kopte, l'éthiopien, etc. Les habitants du sud ont aussi des dialectes dérivés des langues guber et sangay, qui sont celles des Nègres.

La plupart de ces peuples sont païens.

L'islamisme ou religion de Mahomet domine dans toute la partie septentrionale et jusque très avant dans l'intérieur.

Les Koptes de la Haute-Egypte sont chrétiens et partagent les croyances de la plupart des sectes d'Orient. On ne trouve qu'en quelques endroits, et en petit nombre, des chrétiens des Eglises romaine et grecque.

Il n'existe en Afrique aucune des différentes formes des gouvernements européens. On n'y connaît que des despotes et des esclaves, les uns nés pour commander, les autres pour obéir.

HISTOIRE NATURELLE.

La nature semble avoir voulu dédommager l'Afrique de ses vastes solitudes stériles, en la peuplant d'une multitude d'espèces d'animaux de formes et de grandeurs différentes. On prétend qu'il y existe cinq fois plus de quadrupèdes qu'en Asie, et trois fois plus qu'en Amérique. Les espèces les plus colossales du règne animal et du règne végétal ne se trouvent qu'en Afrique, et la vigueur de la végétation y est telle que les plantes y croissent à vue d'œil. L'énorme hippopotame, le redoutable crocodile, la girafe à taille de géant, le rhinocéros à deux cornes et l'ichneumon sont propres à l'Afrique, ainsi que les plus grandes espèces d'antilopes, d'hyènes, de chacals, de tigres et d'éléphants. Elle possède le géant des oiseaux, l'autruche habitante des déserts, et le serpent géant, le boa constrictor. Mais le plus grand bienfait dont la nature ait doté l'Afrique est le chameau, ce vaisseau du désert qui semble avoir été créé pour son climat brûlant. On y trouve aussi les lions, les panthères, les léopards, les onces, les zèbres, les buffles, les hérissons, et tous les animaux domestiques de l'Europe, ainsi que les moutons à longue laine et à queue énorme.

Elle est également riche en oiseaux, dont la plupart se distinguent par les plus admirables couleurs. Partout où le sable n'a pas détruit la végétation, surtout sur la côte occidentale et au pied de l'Atlas, la terre fourmille d'insectes, tels que termites, araignées, scolopendres, fourmis et chenilles, tandis que l'atmosphère est infestée de sauterelles, qui souvent, semblables à des nuages, obscurcissent le soleil.

Le règne végétal n'est pas moins nombreux.

Le boabab ou arbre à pain des singes, est l'éléphant des végétaux. Son tronc, qui surpasse en grosseur ceux de toutes les autres espèces d'arbres, a souvent quatre-vingts pieds de circonférence, tandis que ses branches couvrent de leur ombre un espace de terrain de plus de cent trente pieds de diamètre. Quelques-unes de ces branches sont plus grosses que les plus gros arbres de nos forêts. Commençant d'abord par être horizontales et devenant plus minces vers leur extrémité, elles s'étendent fort loin et se courbent graduellement jusqu'à terre, ce qui empêche souvent de voir le tronc qui les porte. Cet ensemble de ramilles couvertes de feuilles, dont les branches extérieures sont garnies, offre d'autant plus l'aspect d'un jeune bois, que les rameaux les plus élevés ne sont guère qu'à une hauteur de dix à douze mètres.

D'après le voyageur Adanson, qui explora le Sénégal il y a cent ans, certains de ces arbres n'auraient pas moins de six mille ans, et remonteraient ainsi à l'époque de la création du monde. Le fruit de cet arbre est une capsule ligneuse de vingt-cinq à trente centimètres de longueur, d'une nuance verdâtre et d'un duvet couvert de blanc. Elle ressemble à une gourde et contient plusieurs cellules qui renferment des graines dures et brillantes plongées dans une substance molle et pulpeuse. Les indigènes composent avec cette pulpe un breuvage acidulé qu'ils emploient avec succès pour guérir la fièvre. Ils font sécher les feuilles de baobab, les réduisent en poudre et les mêlent avec leurs aliments, ce qui les empêche de transpirer avec autant d'abondance. Les plus grandes feuilles leur servent à couvrir leurs cases, et des fibres de l'écorce ils fabriquent des cordages et une sorte d'étoffe grossière dont les pauvres se font des pagnes qui leur descendent à mi-cuisse. Enfin ils trouvent dans l'enveloppe de la capsule une coque ligneuse qui leur fournit des vases analogues aux calebasses.

Le schik ou arbre à beurre, dans la partie ouest du centre de l'Afrique, y remplace si bien les animaux qni fournissent le beurre, qu'on peut à peine le distinguer dans les mets où il est employé. Les régions fertiles produisent toutes les espèces de palmiers, les bannaiers, orangers, pisangs, ananas, tamarins, figuiers, ignames, patates, lotus, cannes à sucre, piment, cassave, dont la racine sert à faire le pain, et les mangliers, dont chaque tige, dans un terrain humide, forme autour d'elle une petite racine. Les bois sont remplis des épices les plus fortes, produisent les fruits les plus nourrissants et fournissent les bois des plus belles couleurs, tandis que les montagnes renferment des métaux et des pierres précieuses, et que la plupart des fleuves entraînent dans leurs flots l'or mêlé au sable de leur lit.

APERÇU HISTORIQUE.

L'Afrique ancienne, la Libye des Grecs, exprimait trois sens et désignait :

1° Ce que les anciens connaissaient de cette partie du monde;

2° Un diocèse qui comprenait la Mauritanie Sitifine et la Mauritanie Césarienne, la Numidie, l'Afrique propre et la Tripolitaine.

3° L'Afrique propre ou proconsulaire, province du diocèse d'Afrique, allant au fond de la petite Syrte au cap Hermœum, aujourd'hui état de Tunis et partie de celui de Tripoli, chef-lieu Utique, et plus tard Carthage.

Ainsi les Grecs et les Romains n'avaient pénétré que dans le nord.

On prétend que les Phéniciens firent le tour de l'Afrique ; mais rien n'est moins prouvé.

Les conquêtes des Arabes, à partir du VIIe siècle, perfectionnèrent la connaissance du nord et de l'est.

DÉCOUVERTES.

Mais l'Afrique n'en est pas moins la plus mystérieuse et la plus inconnue des cinq parties du monde. Aussi, c'est à y pénétrer et à en étudier toutes les parties que depuis soixante ans tendent tous les efforts des hommes les plus curieux des nations de l'Europe.

Nous indiquons ici, d'une manière sommaire, tout ce qui a été entrepris, soit par des peuples, soit par des associations, soit par des voyages isolés, pour arriver à une connaissance plus exacte de cette immense contrée.

Les premiers explorateurs furent les Grecs et les Romains, et parmi eux principalement Hérodote, Strabon, Diodore de Sicile, Denis d'Halicarnasse, Arthicus, Hamon, Scylax, Arrien, Agatharchidas, Ptolémée, Pline, Pomponius Mela, Solin.

Après eux vinrent les Arabes, qui se distinguèrent aussi par de nombreux travaux sur l'Afrique.

Depuis le moyen-âge, quantité de savants se sont occupés de chaque pays séparément, et surtout de l'Egypte, ce berceau de la civilisation européenne, qu'ils ont parcourue, décrite, fouillée et dépouillée, et dont les pyramides, les champs de momies, les tombeaux et les temples offrent toujours une mine inépuisable de ruines intéressantes qui remontent à la plus haute antiquité. Il nous suffira de citer ici les noms de Lucas, Mailler, Granger, Bruce, Eton, Volney, Savary, Larey, Denon, Antès, Salt, Hartmann, Caillaud, Burckhardt, etc.

Ce dernier était un Suisse infatigable et consciencieux, qui réunissait à une rare érudition un esprit d'observation remarquable. Il partit sous les auspices de la compagnie anglo-africaine, et après plusieurs années de voyages pénibles en Syrie et en Egypte, pénétra jusqu'à Dongolah. Traversant ensuite le désert libyque, il passa à Berbère et Schendy, et parvint à la mer Rouge par le Soudan. De là il s'embarqua pour la Mecque et partit de cette ville pour visiter le mont Ararat, en Arménie. La mort le surprit au Caire en 1815, au moment où il se préparait à pénétrer dans l'intérieur de l'Afrique avec une caravane du Fezzan, par le chemin qu'avait déjà suivi Hornemann.

Peu auparavant, deux Allemands, Hornemann et Rœntgen, avaient déjà visité cet intérieur en traversant le désert libyque et Mourzouk, mais tous deux périrent avant d'avoir atteint le but de leurs travaux, le premier enlevé par la fièvre, le second victime de la férocité et de l'avidité des Bédouins.

L'Anglais Lead nous a laissé une description aussi exacte qu'intéressante du pays de Dahomey.

Lyon, accompagné de son ami Ritchie, qui mourut à Mourzouk en 1819, du naturaliste Depont et du savant anglais Belfort, partit de Tripoli, pénétra en 1819 jusqu'au désert de Bilmu, à l'extrémité méridionale du Fezzan, et, par une relation consciencieuse de son voyage, il augmenta les notions que l'on possédait sur ce pays.

On doit d'intéressantes découvertes, quoique moins inportantes, à Mollien, qui, dès 1818, avait remonté le cours de la Gambie, du Sénégal et de Rio-Grande, jusque non loin de Timbo.

Le nom de Mungo-Park marque une nouvelle période dans l'histoire des études sur l'Afrique.

L'Américain Riley, qui fit naufrage sur la côte occidentale de l'Afrique et devint esclave du prince maure Sidi-Hamet, obtint de lui d'importants renseignements sur la ville de Tombouctou.

Les Anglais Peddie et Campbell, auxquels s'était joint le Saxon Adolphe Kummer, suivirent le Rio-Nunez pour pénétrer dans l'intérieur de l'Afrique. Le second réussit à toucher à Timbo : mais tous trois augmentèrent le nombre des martyrs de la science, et périrent victimes du climat, au milieu même de ses sables brûlants.

La connaissance parfaite de Tombouctou et de l'embouchure du Niger, cette grande lacune de la géographie africaine, si souvent signalée, a été enfin obtenue par le courage du jeune Français René-Caillié, et les deux frères John et Richard Lander. Ainsi un seul homme, sans autre ressource que son courage et sa persévérance, sut mettre à fin une entreprise que, depuis des siècles, l'amour des découvertes, la politique et les efforts des savants avaient en vain tenté d'accomplir. Le modeste René Caillié raconte que c'est le prix offert par la Société géographique de Paris, à celui qui atteindrait ce but, depuis si longtemps proposé, qui l'a poussé à entreprendre ce voyage.

Il résulte des recherches de Caillé que le volume d'eau du Niger ou Djoliba est beaucoup plus considérable qu'on ne l'avait pensé. Mungo-Park, qui n'en avait vu qu'un bras, avait était frappé de la majesté de son cours. Bien que le cours de ce fleuve au-dessous de Tombouctou soit resté inconnu à René Caillié, il s'est cependant assuré qu'un grand bras se sépare du Niger, et s'y réunit de nouveau à Isacca, à vingt-sept lieues au-dessous de Jenné. C'est ce qui forme la première et la plus grande île, dans laquelle se trouve Jenné. Plus loin, le fleuve, se séparant de nouveau, à Gailla, forme une autre île, mais petite. René Caillié a constaté que les marchandises européennes pénètrent dans l'Afrique centrale.

L'embouchure du Niger a de même été découverte.

Les deux frères John et Richard Lander débarquèrent à Badagri, le 22 mars 1820, et continuèrent leur route, à cheval, jusqu'à Boussa, sur le Niger, où périt Mungo-Park. Pendant un séjour de trois mois dans cette ville, ils firent plusieurs excursions et remontèrent le fleuve jusqu'à Yaourie, à trois jours de marche au nord, en droite ligne de Boussa, d'où ils descendirent le Niger jusqu'à la baie de Biaffra, où le fleuve se jette dans la mer par plusieurs embouchures. Le bras qui les conduisit à la mer se nomme Noun et forme le premier fleuve que l'on trouve à l'est du cap Formose. Les frères Lander trouvèrent à Yaourie le livre de prières d'Anderson, compagnon de Mungo-Park. Quant au journal de ce dernier, il fut impossible d'en découvrir aucune trace.

Au moment où nous écrivons ces lignes, quantité de voyageurs exposent leur vie dans de nouvelles explorations en Afrique, et grâce à leurs relations, nous verrons peu à peu tomber le voile mystérieux, déjà bien déchiré, qui nous cachait jusqu'alors les contrées de ce continent.

Ainsi, le baron de Deeken mesure les montagnes de Kilimandjaro, auxquelles il attribue une altitude de sept mille mètres ;

Les frères Livinghstone étudient les parages du Zembèze, tout en remplissant le rôle de missionnaires ;

Ladislas Magyar, le célèbre Allemand qui, après la plus curieuse odyssée, a fini par épouser la fille du roi de Béhé, dans la Guinée inférieure, nous adresse sur ces contrées les plus étranges relations ;

Dans le sud de l'Afrique, Anderson, comme jadis Levaillant, à la tête d'une troupe de braves, erre actuellement dans de vastes solitudes, à la recherche des hippopotames, des rhinocéros, des éléphants et des lions ;

Le docteur Répin, ex-chirurgien de la marine impériale, publie son voyage au Dahomey, et nous fait connaître une infinité de détails sur le palais du féroce souverain de ce pays, les sacrifices horribles qui font rougir l'humanité, les funérailles, les supplices infligés aux missionnaires, l'ardeur du peuple à se disputer les têtes des victimes immolées chaque jour, ou les cadavres qu'on lui jette en pâture du haut de la plate-forme royale.

Enfin, M. V. Guérin, ancien membre de l'Ecole française à Athènes, nous raconte son voyage archéologique dans la régence de Tunis, et les plus curieux épisodes de ses pérégrinations chez les Arabes.

La Tunisie en effet est une des contrées qui attire le plus aujourd'hui l'attention des épigraphistes. En outre, de toutes les richesses archéologiques que l'on y rencontre, cette terre de Tunis ne jouit-elle pas de l'immense gloire de posséder les ruines de Carthage, l'antique et terrible rivale de Rome ?

FIN.

Limoges. Imp. E. Ardant et Cie.

www.ingramcontent.com/pod-product-compliance
Ingram Content Group UK Ltd.
Pitfield, Milton Keynes, MK11 3LW, UK
UKHW020246250726
13967UKWH00004B/1536

9 782011 792846